台灣茶聖經

廖慶樑◆編著

李序

唐陸羽《茶經》：「茶之為飲，發乎神農。」相傳神農氏時代即知茶有解毒作為藥用的效果，而稱之為「藥茶」，茶之利用在中國已有四、五千年的歷史。自漢唐以後因文化交流、或經濟貿易、或戰爭等不同因素而向東傳到朝鮮、日本；向西傳到波斯、土耳其、俄羅斯與地中海沿岸；向南傳到馬來西亞、印尼及非洲東岸，16世紀東西海運大開以後繞過好望角到達葡萄牙、荷蘭、英吉利等歐洲國家，茶已成為世界級的健康飲料。

台灣茶葉發展的歷史較晚，約在19世紀初開始種茶製茶，迄今約有二百年的歷史，起初是以島內銷售為主，1858年英法聯軍迫使中國簽訂「天津條約」，開放台灣府為通商口岸以後，開啟台灣茶葉外銷年代，曾歷經台灣烏龍茶（椪風茶）、台灣包花茶、台灣包種茶、台灣紅茶、台灣綠茶等不同茶類為外銷的主軸；直至20世紀70年代，台灣產業由農業轉向工商業發展，經濟開始起飛，青年人口紛向都市集中，農村勞力缺乏，農業生產成本提高以後，茶葉首當其衝，無法與其他產茶國的廉價茶葉在國際市場上競爭，外銷開始沒落。不過台灣茶有如九命怪貓，由外銷成功地轉向高價位的內銷發展，台灣茶葉成為獨具天然花香的健康飲料，其價格與世界一般茶葉價格相比較，高達數十倍甚至百倍以上，是真正世界上最好的茶葉，價格雖高但每年尚有2,000公噸左右的外銷量。

一般認為台灣茶的產量已趨於過剩，其實不然，今天的台灣是一個茶葉進口國，近年來，台灣每年茶產量約在20,000公噸左右，進口量也在20,000公噸，減去出口量的2,000公噸，實際上台灣每年茶葉消費量約在38,000公噸左右，因此，台灣茶生產還是有擴展的空間。只是進口的茶葉都屬於廉價的罐裝飲料茶原料，如何使台茶價格與加工廠的成本取得平衡點，是台茶擴展的主要關鍵。

行政院農業委員會農業試驗所簡任研究員兼農業化學組組長　廖慶樑先生，與本人曾在國立中興大學共同研究學問，學驗俱優，並曾擔任茶業改良場場長多年，對於茶葉產製銷以及品飲等方面都有深入研究與獨到的看法，其最近著有《台灣茶聖經》一書，內容包括茶業發展史、產製，與品飲等相關事項，相信除可提供茶農種茶、製茶參考外，並能使消費大眾對茶有更深一層的瞭解，以培養新一代的品茗人口，進而促銷台灣茶葉，使台灣茶能夠繼續蓬勃發展。謹綴數語，用以為序。

行政院農業委員會前主任委員
國立中興大學講座教授　李金龍　謹識

李序

日據時代台灣的特用作物有樟腦、甘蔗、茶、棉麻、蠶桑等等，第二次世界大戰以後，台灣光復，政府為振興農業，發展加工外銷農特產品，新興作物如鳳梨、洋菇、蘆筍紛紛加入特作的行列，曾幾何時，這些特用作物，或因人類飲食習慣改變，或因國內生產成本提高難以在國際市場上競爭等因素，幾乎已逐漸淡出外銷主力農產品之行列，唯有茶葉能藉由外銷成功轉型為高價位且兼具內外銷的產業。

台灣茶葉種植是經由福建隨著漢人移民而來，真正有史可稽者約在清嘉慶年間（1796至1820年），迄今有二百年左右的歷史。長期以來兩岸各自發展的結果已大異其趣，口味完全不同。台灣茶經過王錦水與魏靜時兩位先賢研發，製造出具有自然清香的茶葉，因此，民間早有：「台灣真是好所在，樹葉也會出花香。」的俚語，而使台灣茶葉聞名全球，且歷久彌新。在受進口農產品衝擊遍地低迷的農產業中，茶業仍是一枝獨秀，屹立不衰，茶農也是眾多農業從業人員中相對的高收入者。

坊間有關茶葉的著作甚多，但大多屬於泡茶、飲茶與茶文化有關的書籍。 戰後外銷極盛時期，雖有少數茶樹栽培相關書籍問世，但有些內容資料老舊，已不合時宜，有待補充新的資訊。本會農業試驗所簡任研究員兼農業化學組組長廖慶樑先生最近完成《台灣茶聖經》一書，廖組長曾任本會茶業改良場場長多年，對於台茶的研究發展與產銷，盡心盡力，貢獻良多，有目共睹，深獲茶農與業界人士的肯定，有關「台灣茶」能由其主筆著書，應可提供最珍貴的觀點與論述。

本書內容充實，涵蓋層面甚廣，舉凡與茶相關的事項，都已網羅在內，包括茶的歷史、起源、分類、栽培、製造、評鑑、品飲、功效、茶文化等等，相信除了種茶、製茶等產銷業者外，也必能獲得廣大的消費族群所歡迎，尤其是第一章概說中，有關茶的發展史部分，有條不紊，值得茶界人士的重視與參考。廖組長是我多年的同事，在其即將退休前夕利用公餘之暇，本其學識與專業，潛心著述，誠為茶業之佳著，其用心與投入，殊值感佩，因綴數語，以肯定其在農業上尤其在茶業上的貢獻。

行政院農業委員會前副主任委員
亞太糧肥中心主任
[簽名] 謹識

林 序

茶一向被視為國飲，在日常生活中，茶與咖啡是最重要的世界級飲料，世界茶的總產量自1995年的252.5萬公噸，逐年增加到2004年為323.3萬公噸，十年間增加量達28.04%之多，這在主、副食之外的農產品是相當罕見的。台灣的部分發酵茶類：包種茶與烏龍茶所具有的特殊香味，更是聞名全球。世界平均茶的躉售價約為0.75至1.25美元／公斤，台灣外銷茶的價格一般則在30至50美元／公斤，上好的茶可高達100至125美元／公斤，兩者價格相差達數十倍之多，台灣茶葉已為世界上品質最高級的茶葉。

茶橫跨農工商與文化界，坊間有關茶業的著述，汗牛充棟，但都偏重於某一方面，尤其是與茶文化有關的為多，在植茶、製茶方面的參考書籍甚少。本所簡任研究員兼任農業化學組組長廖慶樑先生，學驗俱豐，早年任職於台灣省政府農林廳技正，1981年調任本所簡任研究員兼秘書、儀器化驗室、技術服務室主任等職。1999年榮任茶業改良場場長，其在茶業改良場場長三年任內，對台灣茶業的技術改進與發展不遺餘力，有其獨到的見解，是大家有目共睹的。廖組長利用業餘時間，將其對茶業的了解編撰有《台灣茶聖經》一書，全書共十七章十三萬餘言，內容包括茶的發展史、植茶、製茶、品飲、茶文化、茶的功效……舉凡與茶有關的事項均已涵蓋，內容精闢，必可提供產製銷業者，茶文化界與消費大眾等對茶業深入了解，實為不可多得的茶業專書。余對其數十年來在農業上，尤其在茶業上的奉獻，深表敬意，謹綴數語，以嘉其志。

行政院農業委員會農業試驗所前所長　林俊義　謹識
亞洲大學健康管理學院院長

自序

茶業橫跨農工商業，台灣茶是今天農業中收入最穩定的農產業。二百餘年來，茶業對台灣社會經濟貢獻極大，日本據台以後茶、糖與樟腦並列為台灣主要外銷作物。雖處今日工商業社會中，台灣農業已趨於沒落而成為夕陽產業，糖業公司製糖工廠都已關門，而茶業仍是一枝獨秀，除橫跨農工商界外，近年來，並有茶藝文化界的積極加入，又跨入了文化界。

筆者於1999年3月至2001年11月跨世紀任職於茶業改良場，曾對台灣茶業盡一分心力，謹就該場相關研究報告、推廣資料以及個人曾經努力過的理想與心得，以深入淺出方式，對台灣茶業做一有系統的介紹，希望能提供產、製、銷業者、茶藝文化界人士以及消費大眾對茶的認識，進而促銷茶葉，使台灣茶業能夠繼續蓬勃發展。

本書第一章概論，針對茶的發展史、傳播途徑與產銷概況做一簡要的闡述，重點放在二百年來的台茶發展史。第二章植株形態與育種繁殖，喝茶品茗之餘也要認識茶樹到底長的什麼樣子，增加品飲聊天的話題。第三章到第五章茶樹的栽培管理，可作為茶農田園管理的參考，也可讓消費者知道「盤中飧粒粒皆辛苦，壺中茶也顆顆都辛勞」。第六章採茶不只注意到漂亮的採茶姑娘，採茶也是一門學問，特別提到節氣是陰曆或陽曆的問題？說不定您也不知道喔。第七、八章茶葉製造，不同的茶類其製造方法也不相同，什麼方式能夠製造出品質最好的茶葉，可作為製茶業者的參考。第九章特殊茶類如普洱茶、佳葉龍茶等與傳統的茶葉有何不同？第十章告訴你茶葉應該怎麼貯藏，才能使品質不致快速下降。第十一章如何鑑定茶葉品質好壞。第十二章也談談台灣茶的前途。第十三章如何泡好茶，也許是大家所最關心的。第十四章日本有茶道文化，也談談自己的茶文化有什麼不同？第十五章茶的成分與保健，除綠茶、紅茶外，烏龍茶是否也有預防保健的功能？第十六章茶食料理，茶也可入菜。最後第十七章結語是回顧與前瞻。希望能夠儘量涵蓋讀者想要的內容。

為便於思考，本書編輯時間序列採西元為主，中國年號為注的原則。在地域方面則以台灣本土為主，不管是原住民、歐洲人、漢人或日本人，都認定當時的統治者是台灣主政的政府，這是真正的台灣歷史，吾人不可能加以否定的。筆者才疏學淺，謬誤疏漏在所難免，尚請各界先進賢達不吝指正。

行政院農業委員會茶業改良場前場長
農業試驗所前簡任研究員兼農業化學組長　廖慶樑 謹識

目　錄

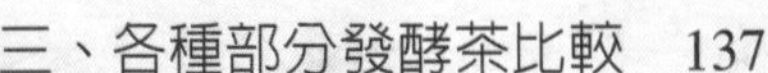

緒論——細說台灣茶

關於台灣茶

台灣人把不帶酒精成分的飲料都泛稱為「茶」，除茶湯外各式茶飲如：梅仔茶、麥仔茶、青草仔茶等等，連生活中的白開水都稱為「茶」，而把茶葉與生活息息相關作為主食的米結合在一起稱之為「茶米」，而將茶湯特稱為「茶米茶」。

一、緣起

茶原產於亞洲東南季風氣候區，飲茶之風開始於中國，中國人將茶視為國飲，也視之為東方社會不可或缺的社交與日常飲料。近數百年來，茶更傳播到西方世界，與咖啡並列為世界兩大無酒精飲料。發展迄今，英國的下午茶時間，已成為充滿溫馨傳達情意的美好時光。

如果把範圍縮小為專指與茶樹有關，狹義來說，「茶」字就包括茶叢（茶樹）、茶米（茶葉）、茶水（茶湯），即由原料、加工品，再到調製為茶飲，通通叫一個「茶」字。其他作物不同的階段，往往給與不同的名稱，就日常三餐所吃的米飯來說吧！植物稱為「稻」，收穫物稱「穀」，加工後叫「米」，煮熟又叫「飯」。茶從栽種（種茶）→採收（採茶）→加工調製（製茶）→直到沖泡（泡茶）→飲用（喝茶）全部都以一個「茶」涵蓋之。如邀請朋友時會說：「什麼時候到我家？讓我們奉茶。」可知茶與人們生活間關係的密切程度了。

陸羽《茶經》：「茶……其字，或從草，或從木，或草木並。」中國人造字有六大原則：指事、象形、形聲、會意、轉注、假借，即所謂「六書」。「茶」屬會意字，將茶字拆解，上是「草」，下是「木」，中間是個「人」字，草木之中人來往，人在草木間，顯示：「茶能令人心曠神怡，就像生活在大自然的環境中，環繞著綠色的植物悠閒自得，神情愉快。」再將「茶」字拆解，上是「廿」，下之「木」字拆解為「十八」，又顯示：「喝茶能讓人看來像是十八或廿歲，永保青春美麗。」再拆解一次，全部以數字來看「茶」字，上面是「廿」，人與木是為「八十八」，廿加八十八等於一〇八，「茶」字也隱藏著：「茶可保健，喝茶能延年益壽，讓人活到一百零八歲」的義涵。總而言之，「茶」有讓人如同生活在大自然的環境中，令人心曠神怡，永保青春美麗，「延年益壽呷百二」的深義。

泰國北部大茶樹

二、發展

世界上最早栽培茶樹的地方是在中國的南方，相傳神農氏時代即知用茶。《神農本草經》：「神農嘗百草，日遇七十二毒，得茶而解之。」西元前2737年（前28世紀），某日神農氏煮水嘗試百草時，忽然間鍋中飄進了幾片茶樹的葉子，發現水成了琥珀色，淺嚐的結果，覺得滿口清香，生津解渴，史上的第一杯茶就在無意間誕生了。神農氏發現茶有解毒的藥用效果，開始提供給中毒的人喝，稱為「藥茶」。《神農食經》：「茶茗久服，令人有力悅志。」這是中國人發現茶樹與其功效的最早傳說。東漢時《華陀食論》：「苦茶久食益意思。」唐陸羽《茶經》：「茶之為飲，發乎神農。」明代李時珍《本草綱目》：「茶苦味甘，微寒無毒，主治酊瘡、去痰熱、止渴，令人少眠，有力悅志，少氣消食。」依據上述，茶在中國之利用，至少已有四、五千年的歷史。

茶文化

茶之利用，最早是以咀嚼鮮葉、生煮羹飲，即所謂「啜其湯，食其渣。」實際上是將茶葉當菜餚使用開始，歷經曬菁貯存、蒸菁做餅、碾碎塑形、殺菁炒製等不同的階段，不斷的研究改良，乃有今天在製作過程中，依發酵程度的不同與製法的差異，將茶區分為綠、黃、白、青、紅、黑等六大類，這都是數千年來人類對茶不斷研究發展所得的重大成果與貢獻。

中國人飲茶有史可稽者，始於秦漢，盛於唐宋。茶在中國歷經各朝各代的發展與演進，已由茶飲、禮飲逐漸結合而達到一種嗜好與鑑賞的境界，實際上已超越了喝茶解渴的範疇。從飲茶文化的發展，人們可由飲茶、茶宴和鬥茶的過程中，深深的體會到飲茶品茗的奧妙絕倫，與悠然自得

荼與茶

古書上將茶寫作「荼」，但在不同的時期、不同的地方、不同的經典史籍文獻，茶的名稱並不相同。西元第8世紀中國唐朝時陸羽（780年）總其成，著有《茶經》一書，謂：「茶者南方之嘉木也……其字，或從草，或從木，或草木並。其名一曰茶、二曰檟、三曰蔎、四曰茗、五曰荈。」古之茶字見於經籍者，其稱呼與意義各不相同。因受陸羽《茶經》之影響，自唐朝中葉以後，逐漸將「荼」及其他同義字等，統一使用「茶」字。

的心情與意境。經過數千年來的培育，茶由栽培、製造、科學研究、商業流通、品飲文化等活動，已跨越了農工商與文化的範圍，逐漸形成其特有的知識、技術、品飲風俗與藝術，造就了茶飲、茶禮、茶德與茶藝文化，進而引發茶學作品、詩詞歌賦等，茶的文學創作，也豐富了東方民族文化。

茶園風光

漢朝

從歷史文獻得知，茶源之於四川，再遍布全中國各地；漢宣帝（西元前73至49年）時王褒有：「武都買茶，楊氏擔荷。」「烹茶盡具，餔已蓋藏。」文句，武都位於今四川眉州彭山縣，依此推論，四川為中國茶葉的發祥地，已為一般定論。1972年，中國考古學家在長沙東郊的馬王堆，開挖出一批珍貴的西漢古文物，著名的漢墓女屍，在炎熱潮溼的江南氣候下，竟能在地下長眠二千餘年，仍保持完好無缺，皮膚光澤富彈性，牙齒完好，血管尚可注射，舉世罕見。據考證該墓建築年代約在西元前28年，其陪葬物中即有茶葉一箱，品種為苦茶之一種，證明在西漢末年茶已存在於人們的生活中。

三國時期

泰北天然茶園

三國時魏張楫《廣雅》記述：「荊巴間，採葉作餅，葉老者，餅成以米膏出之。欲煮茗飲，先炙令赤色，搗末置瓷器中，以湯澆覆之，用蔥、薑、橘子芼之。其飲醒酒，令人不眠。」此乃製茶工藝之萌芽期，荊即今之湖北江陵，巴為四川，當時茶已由四川傳布於兩湖及江南各地，並作為藥用。另相傳蜀漢諸葛亮（181至234年）征討南蠻時，軍士因南方瘴氣得眼疾，諸葛以茶湯治癒之，後來當地居民即稱茶樹為「孔明樹」，至今泰國北部尚流傳茶樹是孔明回國時所留下。

魏晉南北朝

晉飲茶之風已盛行於長江流域，文人雅士用於交際應酬，且散見於詩賦。南北朝茶已逐漸商品化、平民化，隨處皆可購得，不再由文人貴族階級所獨享，惟限於南朝人士，北朝之外來民族尚不習慣飲茶。

隨著佛教盛行，飲茶之風旋移於僧侶道士之間，寺廟周邊遍植茶樹，名山勝地，屢多佳茗，並為貢品。

隋朝

隋代上自天子下至庶民，無不飲茶，且在藥用方面為人所讚揚，認為茶有解毒治昏睡之功效。茶產於南方，隋煬帝時，闢建南北運河，也有助於中國之茶葉運銷。

唐宋時期

唐代以前人們飲茶屬於較簡便的煎飲時期，對於茶葉採摘加工與否，文獻上尚無十分明確的記載，惟基本脈絡仍是有跡可循。唐以後對茶的加工製作方法，文獻上開始有比較詳細的描述，製程嚴格而精細，茶菁經蒸、搗、拍、焙、穿、封、乾等繁複的程序製成餅茶。這個時期，中國出現了茶業史上的重要人物——陸羽（733至804年），其所著《茶經》一書，不僅是一部精闢的農學著作，更是一部講述茶與茶文化的經典，將茶業（產業）做有系統的介紹，使種茶、製茶與品飲風氣遍及全中國。陸羽創立茶道精神，主張「精修儉德」，提倡飲茶以修身養性，後人將其奉祀為「茶神」。此時，對於茶葉的產、製、烹飲等方法已堪稱完備，奠定茶業研究之基礎。

唐朝是中華茶文化的萌芽期，茶能使人神智清醒，思惟敏銳，靈感充沛，文人雅士深得茶之益處，爭相詩詠謳歌，諸如李白、杜甫、韓愈、柳宗元、白居易等，都有詠茶的傳世名詩佳句，千餘年來，茶業文學歷久彌新，不斷有佳作問世。

宋代以後，騷人墨客文人雅士等，仍以茶為舞文弄墨的最佳題材，除寄情於詩詞經律間之外，對茶的需求已逐漸由實際的藥用治病解渴，轉為藝術欣賞方面，成為知識界社交的必需品，相率探求新品種，舉辦鬥茶品評優劣；加工製造講求精巧；沏茶講求水質、火候與用具；飲茶講究茶品與飲效，對茶的精挑細選，幾乎已達吹毛求疵的地步。

唐、宋人將茶製成團、餅或片的正確方法和程序，今已難以考據，但對當時茶的品飲藝術能達到極高的境界，確實與這些講究的加工技術，有不可分的關係。飲茶方法尤能迎合一般大眾，蔚成時髦風尚，其法即以乾葉磨碎成末，置於熱水中，用輕竹掃攪盪之，使人領會茶葉特有的芳香。此風潮後來向東傳到朝鮮、日本；向西傳到中亞、西亞、東歐；向南傳到南洋、印度、非洲、西歐等地。迄今在世界各地區、各個國家的不同飲茶方式中，都能看到中國唐宋時期所留下來的品茶痕跡，尤其是今之日本茶道仍完全保留此種品飲方式。

自宋以後，茶已完全融入漢民族的日常生活中，而有「開門七件事：柴、米、油、鹽、醬、醋、茶」之說。王安石（1021至1086年）《臨川集》卷七十議茶法有言：「夫，茶為之民用，等於米鹽，不可一日以無。」可見，茶在當時已成中國人每日生活的必需品。

元朝

元帝國橫跨歐亞大陸，開放西北茶市，邊疆游牧民族飲茶風氣普遍，蒙古人並將茶推展到四大汗國的領域，遠達莫斯科、伊朗及地中海沿岸。

明朝

明代茶葉製造工藝已有明顯的改變，由唐宋時的蒸菁做餅做團，改製成散茶形式，團、餅茶逐漸被淘汰。1391年（明洪武24年）太祖朱元璋下詔廢止團茶進貢方式，改以散茶進貢，此一重大改變，也促成茶葉加工製造方法朝向多元化發展，而有各種不同的茶類產生。依據史料，明代以前已有黃茶、白茶與黑茶等不同茶類的記載，明代發明「炒菁」的製茶技術以後，開始有了青茶、綠茶與紅茶的製造。一般認為，青茶的製造晚於綠茶而早於紅茶。清陸延燦《續茶經》引述王草堂《茶說》載：「武夷茶……茶採後，以竹筐勻鋪，架於風日中，名曰曬青，俟其青色漸收，然後再加炒焙。」此乃青茶（烏龍茶）製法，此法相傳數百年來，迄今變化不大。而紅茶起源於福建崇安之小種紅茶，然後逐漸演變為功夫紅茶。紅茶與烏龍茶同源於福建，由明開始而盛於清。

明代對於茶的飲用，也由原來的「煮茶」改為「泡茶」方式，利用散茶沖泡，更方便於直接觀賞茶的外觀形狀與茶湯水色，聞其香氣，品其滋味，論茶品茗，蔚成風氣。自明代以來散茶的加工與品飲方式，雖有改進，但迄今變化不大，今天的茶葉加工與飲用方式，可以說是直接傳承自明代的方法。

清朝

清初上自達官貴人，下至販夫走卒，交際應酬，禮尚往來都離不開茶，在日常生活中民間飲茶風氣仍占有重要的地位。清朝末年，經過鴉片戰爭、八國聯軍、義和團事件……列強不斷的侵略中國，清廷被迫簽訂多項不平等條約以後，民心士氣遭受嚴重的打擊，民族自尊心受創，茶飲也受到崇洋心理的衝擊，達官貴人往來間，竟然出現「端茶送客」的陋習，與過去「客來烹茶」的待客情景，大異其趣。

民國時期

民國以來，飲茶之風，不但恢復而且更為普及，並已賦予商業氣息，各地茶樓茶肆林立，成為商務往來親友聚會聊天場所，重新喚起中國人對茶的重視。

陸羽《茶經》要旨

據《新唐書．陸羽傳》：「陸羽字鴻漸，一名疾，字季疵，自號『桑苧翁』，別號東岡子、竟陵子，復州竟陵人。」羽嗜茶，著有《茶經》一書，對中華文化影響深遠，世界人類文明貢獻良多。中國人將茶經喻為茶文化的經典寶庫，奉為茶業百科全書。傳之國外，譯成英、法、荷、西、日、韓……等國文字，也成為「世界茶業經典」，今世界上流傳的茶經版本有百餘種。美國學者威廉烏克斯（W. H. Ukers）所著《茶業全書》（*All About Tea*）推崇：「中國學者陸羽，最大的事功就是著述第一部茶書，其在茶業界的崇高地位，無人能加以否定。」

茶神——唐陸羽塑像

陸羽《茶經》全書共分三卷十章，計七千餘言，謹將各章所述內容概列如次：

卷上三章。

一之源：闡述茶的起源、名稱、性狀、茶葉的品質、功效及生長環境。

二之具：詳述採茶、製茶與貯藏所使用的各種器具名稱、規格及用法。

三之造：談茶的種類、採茶的原則以及茶的製造過程。對茶葉品質鑑定也有獨到的見解。

卷中一章：

四之器：介紹烹茶、煮茶以及飲茶等所使用的各種器皿與茶具。

卷下六章：

五之煮：論說烹茶、煮茶的方法，薪材類別，用水的取得與水質的良窳。

六之飲：暢談飲茶的風俗習慣，並詳細論述不當的採製與烹茶方法，也將影響茶葉、茶湯的品質。

七之事：講述茶的歷史，彙集與茶有關的經典古籍、文獻、故事以及效用等相關資料。

八之出：論述茶樹生長的地理環境，舉出中國茶葉的重要產地，以及所出產茶葉的品質等第。

九之略：敘述在製茶、烹茶過程中，有些器具雖可因時因地制宜加以簡化或省略，但在正式的場合中，則不可或缺。

十之圖：教導愛茶人士用絹帛將茶經書寫成四條幅或六條幅掛軸，懸於座隅，以宣揚茶經倡導飲茶文化。

茶經卷上

一之源

茶者南方之嘉木也一尺二尺迺至數十尺其巴山峽川有兩人合報者伐

而掇之其樹如瓜蘆葉如梔子花如白薔薇實如棕櫚莖如丁香根如胡桃

其字或從草或從木或草木并其名一曰茶二曰檟三曰蔎四曰茗五曰荈

其地上者生爛石中者生礫壤下者生黃土凡藝而不實植而罕茂法如種

瓜三歲可採野者上園者次陽崖陰林紫者上綠者次筍者上芽者次葉卷

上葉舒次陰山坡谷者不堪採掇性凝滯結瘕疾茶之爲用味至寒爲飲最

茶經

陸羽《茶經》，內容包括植物型態、生態、栽培、加工、製造、機具、地理、歷史、生化、藥理、品飲、水文、陶藝、文學等等各方面的知識，是一部茶業百科全書。

三、茶的原產地與各國語源

(一) 茶的原產地

中國經濟栽培茶樹至少有二千年以上的歷史，陸羽《茶經》：「茶者，南方之嘉木也，一尺、二尺迺至數十尺。其巴山、峽川有兩人合抱者，伐而掇之。」各國飲茶方法、茶字的讀音、茶樹的種源、茶籽大多傳自中國，所以世界各國自古即認為茶的原產地在中國，並無疑議。惟自1823年英人Robert Bruce少校在印度阿薩姆省（Assam）Sabiya山中發現野生茶樹後，對茶的原產地開始有不同的說法：有主張中國者，有主張印度者，也有主張大葉種與小葉種分屬兩地者。荷人所寫《巴達維亞城日記》（1924至1807）於1645年3月11日中載有：「茶樹在台灣也有發現，唯似乎與土質有關。」又1717年《諸羅縣志》記載：「水沙連（今南投縣濁水溪流域竹山、鹿谷、集集、水里、魚池、埔里、信義、仁愛等鄉鎮）內山，發現有野生茶樹。」《淡水廳志》：「貓螺內山（今南投縣貓螺溪上游中寮、國姓之南港村等地與水沙連相鄰，或是指同一地區）產茶，性極寒，番不敢飲。」可知，台灣自古也有野生茶樹的生長。

國家是人為的界線，地理區域則是天然形成。故依植物生態學的說法，茶樹的原產地，應以亞洲東南季風氣候區之說較為正確，此區包括印度的阿薩姆、中國的東南部、印度支那半島、台灣等地，在這一大略相同的緯度上，溫度、雨量等氣候條件與土質，均極適合茶樹的自然生長與繁殖，而最早利用茶的國家是中國、最先飲用茶的民族是中國人，迨無疑義。

(二) 世界各國茶的語源

中國產茶最早，也是最先飲用茶的國家，世界各國的茶葉都是直接或間接來自於中國，因此各國有關「茶」的語言，都源自於中國茶字的音譯，但茶在中國各地方言的發音有明顯的不同。據威廉・烏克斯所著的《茶業全書》的說法，各國語言文字有關茶的發音，皆由中國語言兩大系統所演變而來，其一為粵語的廣東音“Cha”，另一為福建的廈門音“Tay”。

歐洲國家中，葡萄牙人於1502年最先到東方，1516年在廣州與中國建立貿易關係，其交易對象為廣州商人，因此葡萄牙人茶的語詞採用粵語的Cha發音。其他歐洲國家的茶葉，都是由隨後來到東方的荷蘭東印度公司，在中國福建廈門、印尼與馬來西亞等地購買，然後間接轉運回到歐洲銷售各國。印尼與馬來西亞的茶葉也是由福建廈門商人所供應，所以歐洲除葡萄牙外，其他各國的語言都是跟隨荷蘭人，依廈門音Tay音譯而來。

泰北北回歸線附近的茶園

另外，土耳其、阿拉伯、波斯、俄羅斯、北印度等國商人，都在中國西部、西北部邊境地區交易購茶，並非在廣東交易，而且時間比葡萄牙人於1516年到廣州還要早，其發音為Chay，Chay為四川音譯，與中原、廣東等語音Cha相近；另外，茶在唐宋以前已隨佛教東傳到朝鮮、日本，朝鮮、日本茶的發音也與北方中原的Cha（ちゃ）相近，所以與其說Cha的音譯來自廣東，不如說是來自四川或北方中原語音的茶「ㄔㄚˊ」更為合理。

世界各國茶字的語源與讀音表

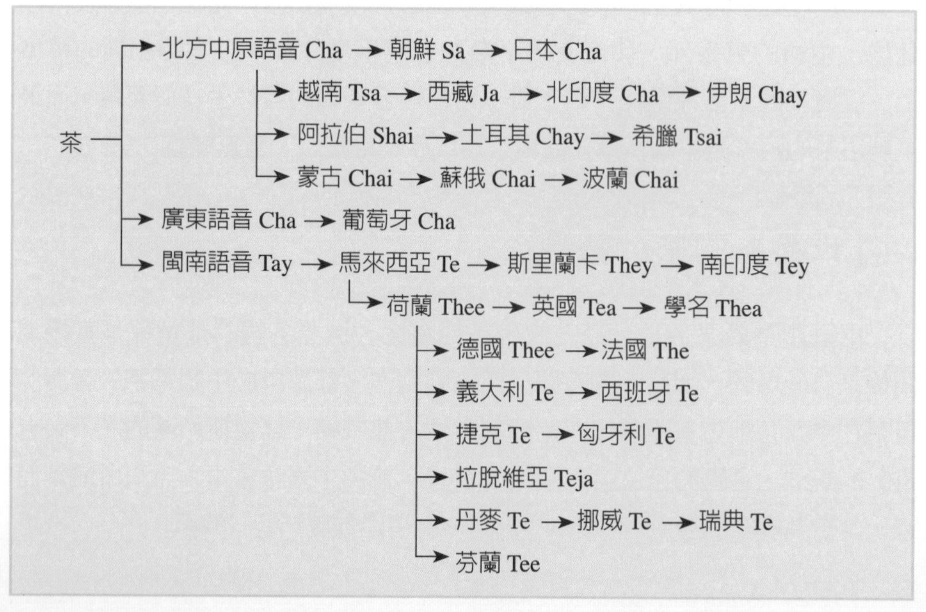

追根究底，世界茶的兩大發音系統都來自中國，惟中國自秦始皇統一六國之後，書同文車同軌，雖然將文字、車輛的規格予以統一、標準化，但數千年來中國各地方言則是差異懸殊，始終無法統一。茶的北方中原語音為「ㄔㄚˊ」（Cha），與福建閩南語音的「ㄉㄝˊ」（Tay），就有明顯的不同，兩者發音差異極為顯著。世界各國關於茶的語音，就因其當初傳播來源的不同，而有Cha與Tay兩大系統的音譯。英文的Tea即是來自閩南語音Tay，而不是採用中原語音的Cha，Tea一詞已成為世界語言，Tea是來自福建閩南音，也就是台灣河洛話的ㄉㄝˊ！

四、茶的傳播

茶源之於中國，發展於中國，然後經由文化交流、經濟貿易或戰爭逐漸傳播到世界各地，主要有東傳、西傳與南傳三條傳播途徑，謹概述如次：

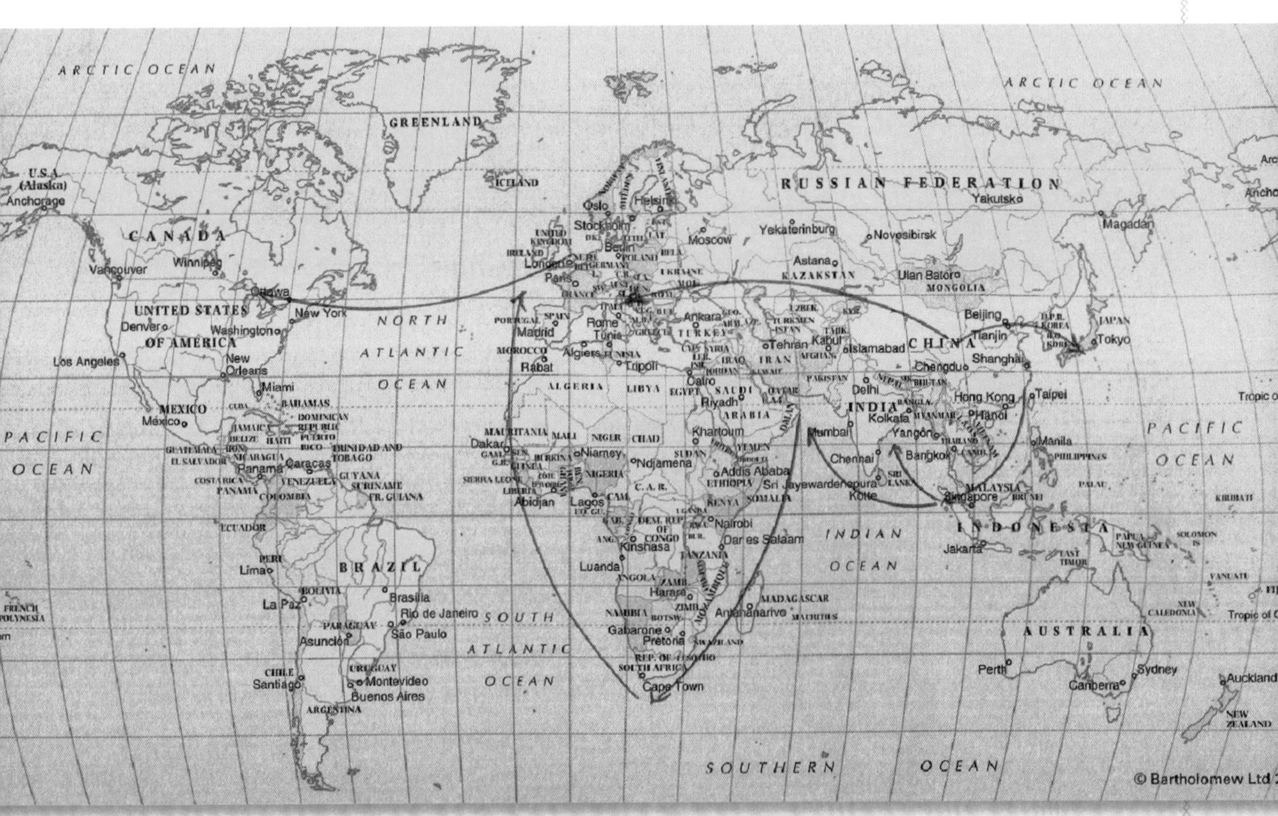

世界茶葉傳播途徑示意圖

(一) 東傳朝鮮、日本與台灣

日本靜岡縣茶園風光

西元4世紀末至5世紀初，是中國晉末五代十國時期，由印度傳入的佛教，再從中國向東傳到朝鮮半島的高句麗、新羅、百濟等地，飲茶風氣也隨著佛教的天台宗與華嚴宗等教派開始向朝鮮半島傳播。12世紀時，高句麗松應寺、寶林寺等著名禪寺，即積極提倡茶飲，使飲茶品茗之風開始迅速向朝鮮民間傳播。朝鮮半島植茶開始於中國唐代，據《東國通鑑》記載：「新羅興德王朝時，遣唐使金氏學成回國時，唐文宗賜予茶樹種子，開始種植茶樹於金羅道之智異山……」這是朝鮮半島有茶樹栽培的初始紀錄。

日本的茶葉發展與中國有密切的關係，一般咸認為中國茶葉於漢代即開始傳向日本，但有史可稽者為唐代。

唐是歷史上的太平盛世，中日兩國文化交流密切，西元593年日本聖德太子時代，佛教、美術與茶等知識同時輸入日本。當時，日本派「遣唐使」留學中國，在禪院學佛，高僧行基（657至749年）帶回茶籽遍植於日本各禪院，為日本植茶之最早記載。729年聖武天皇召集僧侶在其禁宮講經賜茶，是日本飲茶的正式紀錄。遣唐使完成中國文化學習，乘船歸國，留學僧永忠（743至816年）、最澄（767至822年）、空海（774至835年）等人，將飲茶風氣帶回日本。805年高僧最澄大師，由中國輸入茶種，植於近江之台麓山（今滋賀縣境內），為日本栽培茶之嚆矢。806年日弘法大師由中國學成歸國時，帶回茶籽多種，分植於各地，並將製茶技術傳授民間，飲茶成為當時日本貴族階級的社交習尚，並視為藥用。1191

京都——日本最古老的茶園

年日本禪宗大師榮西（1141至1215年）自宋學成歸國，1214年著有《喫茶養生記》一書，該書又稱《茶桑經》，分上下兩卷，上卷論證茶在生理學上的效能，下卷闡述桑葉在病理學上的功效，為日本第一部茶書，對日本後來茶葉的發展，起了極大的作用，榮西被譽為「日本的陸羽」。此時，日本鎌倉將軍開始向武士階層推廣飲茶之風。

茶向東傳到台灣的時間較朝鮮與日本晚許多，約在鄭成功退守台灣之時，隨閩粵居民而來，但真正有史可稽者則在嘉慶年間（1796至1820年），相傳有井連侯傳入茶苗、柯朝攜回茶籽種植於北部、林鳳池攜回軟枝烏龍植於南投凍頂山等記載；故茶真正在台灣發展的歷史，大約有二百年左右。

(二) 西傳經由河西走廊絲路到西域、中亞、西亞與東歐諸國

西元前122年漢武帝時，派遣張騫出使西域，開啟了河西走廊通西方的絲路，西域即今新疆中亞等地方，而絲路是古時候東西方陸路交通的要道。約在西元850年左右（唐宣宗時），阿拉伯人通過絲路，來到中國獲得了茶葉。元帝國（1279至1368年）橫跨歐亞大陸，開放西北茶市，使得邊疆遊牧民族飲茶風氣隨之普遍，並將茶推展到所屬四大汗國的領域，北達俄羅斯，西到阿拉伯、波斯、地中海沿岸，南抵北印度諸地。中國的茶葉沿著絲路隨著貿易駝隊，源源不斷的向西方推進，1559年阿拉伯人又把茶葉經由威尼斯帶到歐洲。

(三) 南傳由福建廣東沿海海運經南洋群島、印度、阿拉伯到西方

1405至1433年明永樂年間，鄭和七次下西洋，西洋即今之南洋與印度洋地區，到達南洋諸島、印度洋沿岸，最遠曾到非洲東岸今索馬利亞和肯亞諸地，中國的茶葉、陶瓷、絲製品等，隨著鄭和經濟活動的船隊到達這些地區。1502年葡萄牙艦隊司令達伽瑪繞過好望角到達印度半島，歐洲人由海上來到東方。1516年（明武宗正德11年）葡萄牙人抵達廣州，開始與中國建立貿易關係，翌年葡萄牙船員攜帶中國茶葉回國，並於1557年取得澳門。荷蘭

人隨後亦抵達南洋群島，1607年荷蘭海船將中國茶由福建運往爪哇販售；1610年以後又將茶運銷歐洲，是茶直接銷歐的最早紀錄。1624年荷蘭占據台灣澎湖，1636年起荷人從福建廈門購買茶葉，先運到台灣，然後再轉運到雅加達、印度、伊朗等地，從事轉口貿易。隨著海上交通的往來，中國的茶葉與瓷器到處傳播。歐洲諸國除葡萄牙外，其他各國的茶葉，均由荷蘭人自廈門搜購轉運而去，飲茶之風隨即傳遍英、法等歐洲各國。

1637年英國首次由中國直接輸入茶葉。1662年喜歡茶葉的葡萄牙凱薩琳公主嫁給英國查理二世為后，開始提倡皇室飲茶的風氣，以茶代酒，使飲茶的風氣很快的風行。1714至1729年英王喬治一世時代，中國茶大量銷往倫敦市場，飲茶的氣習風靡全英國。此外，相傳英國人在18世紀中葉，重早餐輕午餐，到八點左右才使用晚餐，一般晚餐後才開始品飲茗茶。當時，斐德福公爵夫人安娜，為了補充營養，每日下午五點左右，邀請貴婦們聊天喝茶吃點心，以充饑提神，避免空腹時間太長影響身體健康。此後許多貴婦爭相仿效，並逐漸流傳到民間，由於品飲的時間訂在午後五時，所以英國人就將這種喝茶的習慣稱作「下午茶」、「午後茶」或「五時茶」，一直保持到今天。**下午茶**可說是英國人一天中，充滿溫馨與傳達情意的美好時光。英國人普遍飲茶，是西方世界中茶平均消費量最多的國家。

英下午茶茶具

15世紀哥倫布發現新大陸，17世紀英法等國開始殖民北美。17世紀中葉荷蘭人將茶再運銷北美，隨著歐洲移民傳布到美洲大陸。18世紀美國獨立戰爭的近因即由茶葉所引起，1773年北美英軍製造「波士頓茶葉事件」，開槍射殺波士頓居民，延至1775年終於爆發美國獨立戰爭，並使北美十三州於1776年通過獨立宣言，正式宣布獨立。

1900年美國紐約商人Thomas Sullivan發明袋茶（Tea Bag），由於攜帶沖泡方便，普受消費大眾歡迎。1904年Richard Blechynden在聖路易博覽會上，首度推出冰紅茶，由於會展期間天氣悶熱難受而大受歡迎，立即轟動整個博覽會。1948年美國商人又發明「速溶茶」（Instant Tea），沖泡更為快速，使茶飲更為普遍，美國在茶葉推廣方面也做了一些貢獻。

五、台灣茶的發展

(一) 鄭成功來台之前

台灣原住民族屬於南島語系，在17世紀荷蘭人、西班牙人與漢民族尚未入侵台灣之前，過著漁獵與遊耕的生活。相傳在1620年左右（明天啟年間），中國因白蓮教之亂與宦官為患，民不聊生，閩粵居民開始遷居台灣，閩粵乃產茶之地，居民早有飲茶習慣，無形中飲茶之風也隨著移民由大陸傳入台灣。

1624年荷蘭人入侵南台灣，築「熱蘭遮」城（今安平港）。隔年1626年西班牙人也入侵北台灣占領雞籠（今基隆港），築「山嘉魯」城；1629年再占滬尾（今淡水港），築「羅岷」城；1632年進占噶瑪蘭（今蘭陽平原）；至1633年西班牙人的勢力範圍已達竹塹（今新竹）。荷蘭與西班牙兩國分別在台灣南北展開殖民與商業競爭。1640年荷蘭人趕走北部的西班牙人，使整個台灣落入荷蘭人的手中。1662年明朝遺臣鄭成功驅逐荷蘭人，退守台灣。自1624至1662年歐洲人占據台灣前後三十八年期間，農產以米、糖和鹿皮為大宗。1636年起荷蘭人從廈門購買茶葉，先運到台灣，然後再轉運往雅加達、印度、伊朗等地，從事轉口貿易。

雖然在1645年荷蘭巴達維亞總督報告已有：「在台灣發現有野生茶樹」的記載；另外，1717年《諸羅縣志》亦載有：「水沙連內山，發現有野生茶樹」；但根據《淡水廳志》記載：「貓螺內山產茶，性極寒，番不敢飲。」據此推知，台灣在外來民族入侵前，雖有野生茶樹生長，但原住民族尚不知利用茶樹產製茶葉。荷蘭人據台期間，為從事稻米與甘蔗生產，自中國閩、粵地區，引進民工二萬人，飲茶之風再隨這些民工來到台灣而更為普及。在鄭成功的軍隊來台之前，台灣中南部應該已有零星茶樹種植，惟以島內自用為主。

(二) 鄭氏東寧王國時期

1647年起標舉「反清復明」的國姓爺鄭成功，據守閩南沿海金門、廈門諸島，苦撐十餘年仍不得結果，於1662年攻占台灣，趕走荷蘭人，大批閩粵居民隨鄭氏來台，在各地屯墾。

鄭成功於來台五個月後病逝，其子鄭經繼立，別立乾坤，自稱「東寧王國」，國際間稱為The King of Tyawan（Taiwan），即「台灣國王」，儼然獨立建國於台灣，以島國之姿，雄踞東亞。1683年鄭成功舊屬，降清部將施琅，奉清政府之命攻占澎湖，繼位不久的鄭經之子鄭克塽被迫投降，結束自1662至1683年鄭氏在台短暫統治的二十二年。

1670年前後由台灣寄往班坦（Bantam）之信札中提到：台灣王（鄭經）託戴可斯（Henry Dacres）轉交公司的禮物中有四擔（4 Pecul）上等茶葉，據此推斷，漢民族隨著鄭成功遷入台灣以後，台灣開始有茶樹的經濟栽培應無可置疑，惟其確切起於何時則無史料可稽。

(三) 前清時期

蒔茶階段

台灣茶有典籍記載者，始於1697年（清康熙36年）《諸羅縣志》載有：「台灣中南部海拔800至5,000公尺之山地有野生茶樹，附近住民將幼芽以簡單的方法製成茶為自家之用。」1723年〈赤崁筆談〉也有：「在水沙連深谷中，眾木蔽蔭，露霧密濛，晨曦晚照總不能及，茶樹色綠如松蘿，性極寒，療熱症最有效，每年通事與番議定日期，入山

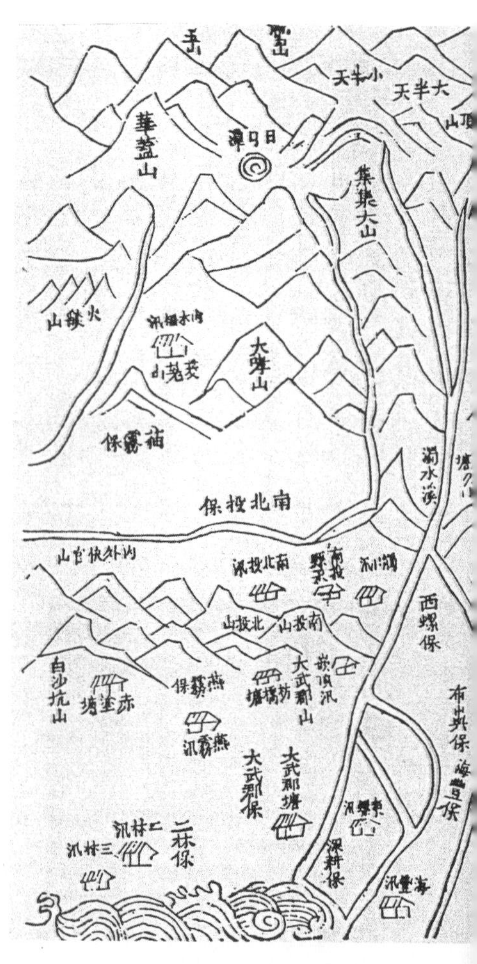

水沙連內山位置示意圖

培製。」人工栽培茶樹於嘉慶年間（1796至1820年），隨福建移民來台，一般以種子播種方式栽培，稱為「蒔茶」。

茉莉花

1805年福建移民攜帶一批武夷種烏龍茶苗，種植於北部三角湧、阿四坑、八角湖山坡地，開始以苗種植茶樹。1810年（嘉慶15年）泉州安溪人氏井連侯傳入茶苗，於台北縣深坑土庫山坡地種植。另據《台灣通史》載：「舊志稱嘉慶年間有柯朝者自武夷山攜回茶籽，植於鰈魚坑（今台北縣平溪、深坑一帶），發育甚佳，以茶子二斗播之，收成亦豐，遂互相傳植。」此為台灣北部植茶之始，其產製方法來自福建武夷山，製成之烏龍茶僅銷島內，並未外銷。另《淡水廳志》載，石碇文山居民多以植茶為業，道光年間（1821至1850年）茶商運往福州販賣，此為台茶外銷島外的初始記載。

1839年林則徐禁煙，第二年1840年發生中英鴉片戰爭，1842年中英簽訂南京條約，這是與列強簽訂的第一個不平等條約，自此中國民心士氣遭受嚴重的衝擊，民族自尊心受創，引發崇洋心理，飲茶風氣也逐漸受到影響。

1852年（咸豐2年）福建長樂煙商利用茉莉花薰製鼻煙，使得煙味特別優良，而聞名於北京煙莊。福州茶商也試以茉莉花薰製茶葉，結果亦佳，因而有花茶的問世。1855年（咸豐5年）有林鳳池氏自武夷山攜回軟枝烏龍（青心烏龍）茶苗，植於南投鹿谷凍頂山上，其製茶方法則源自閩南，有別於源自武夷山的閩北製茶方法，相傳此即為凍頂烏龍茶之起源。

林鳳池氏畫像

1858年（咸豐8年）英法聯軍攻擊大沽口，中國被迫簽訂天津條約，開放台灣府（安平港）為通商口岸，此時香港英商怡和洋行（Jarding Matheson & Co.）到台灣收購烏龍茶初製品，為台灣茶葉銷往國外的首例。1859年天津續約增闢淡水港為通商口岸後，台灣茶先運往福州加工精

製再運銷國外，此後運往福州加工的茶葉數量逐年增加。

1860年代開放台灣府與淡水港為通商口岸以後，貿易成為台灣經濟發展的主力，社會結構也引起若干的改變；過去台灣出口產品以米、糖為大宗，此時已由茶、糖與樟腦取而代之，不僅台灣經濟社會受到影響，對於福建廈門的影響也極為深遠。

據英國領事Robert Swindhol於1861年記載，此時台灣已有大量茶葉運銷中國。另據1861年淡水海關記載的茶葉輸出紀錄為82,022公斤，這是最早在公文書中見到的台灣茶葉出口的正式記錄。同年，英國商人John Dodd來台探勘樟腦生產，發現台灣北部的氣候土質極適宜茶樹栽培。

1865年John Dodd再度來台，採購台灣的白毫烏龍茶（椪風茶）運回歐洲，因椪風茶品質特佳，具有獨特的蜂蜜香味，獲得極高的評價。據說呈獻英國女王品嚐後讚賞有加，經垂詢來自何方？侍者稱：「來自東方之Formosa。」因而獲賜「**東方美人茶**」之美名；西方人士對台灣「椪風茶」尚有「**台灣香檳烏龍茶**」之美譽。

黃金階段

1866年，John Dodd由福建安溪進口茶苗，貸款給茶農，獎勵栽培茶樹，並在料館街（今環河南路）開設茶館，向茶農收購初製茶，運往福州及廈門加工精製後，外銷其他國家。1868年以後，又在艋舺（今萬華）設置烏龍茶精製廠，產品輸往紐約。John Dodd對於台灣早期的茶業經營發展與外銷，頗有貢獻。迄1872年，經營台灣茶葉出口的洋行已有德記、怡和、義和、美時及新榮利等五家洋行，競相爭購烏龍茶，使台茶價格不斷提高，同時也促進台灣茶葉的增產，當時台灣最大的茶菁產地在台北的三峽地區，此時也是前清時期台灣茶業的黃金年代。

1873年台灣烏龍茶因競爭激烈、價格昂貴，出口洋行無利可圖，一致停止收購，使得台茶外銷陷於慘境，引發台灣茶業第一次危機。一般茶商被迫將烏龍茶運往福州，台灣茶雖行銷歐美各國，但在大陸名氣不夠，雖甘醇卻不香，福州茶商遂將台茶以薰花處理，再加工改製為「花香茶」，深受大陸茶界人士所喜愛，福州茶商稱之

香花植物——黃梔子

為「**台灣包花茶**」，是為台茶生態的第二代。而將傳統武夷茶製法的台灣烏龍茶稱為第一代。自此台灣茶業遂趨向兩方面發展：一種為傳統武夷茶製法的台灣高級烏龍茶和椪風茶；另一種為再經薰花處理的台灣包花茶，此為台茶生產多元化的濫觴。

1874年（同治13年），欽差大臣沈葆禎奏准設置「台北府」統轄台灣北部地區，是年王登氏創設台灣首家包花茶工廠「合興茶行」，在台灣開始製造包花茶，以黃梔子花作為薰花材料，成績甚佳，茶商群起仿效，並由福建引進香氣特濃的茉莉花植物栽植，於是逐漸將茉莉、玉蘭、桂花、樹蘭等數種香花植物作為薰花的材料。

玉蘭

1875年恆春知縣周有基由於個人愛好茶葉，自大陸攜來茶樹種子，鼓勵居民於今屏東縣滿洲鄉種植蒔茶，此乃屏東港口茶之由來。據淡水海關1878年報告記載：「在大稻埕四周山坡地種滿了茶樹，……茶樹種植也拓展至北緯24度的台灣中部。」此期，再往南走除屏東港口茶與山區野生茶樹外，已無茶葉生產。北部三貂角以北及以東地區漸少，台灣後山的東部地區尚無茶葉生產。

依據淡水領事館海關報告，1880年（光緒6年）台茶輸出量達543公噸的高峰，茶葉市場前景看好，農民擴大墾地栽植茶樹，此時樟腦加工業無利可圖，紛紛改行種茶製茶，是造成台灣北部樟腦業停頓之主因。1881年泉州府同安縣吳福老氏在台北設立「源隆號」茶行，專門製造包花茶，這一年台灣包花茶首次外銷海外市場。

樹蘭

1885年（光緒11年）台灣建省，首任巡府劉銘傳對台茶的獎勵不遺餘力，除開山撫番拓展茶園外，基於國防的需要，興建基隆至新竹間的鐵路，以方便運輸，台茶亦可經由鐵路運輸直接由基隆出口，不必再由廈門轉口。因應國防需要設立電報局，亦有助於台茶的對外貿易聯繫與拓銷。劉銘傳並令業者組織「茶郊永和興」（類似今之茶業公會），作為輔導台灣茶業的機構，改良產製技術，擴大生產，獎勵輸出，並防止不肖業者有不道德行為，充分發揮茶業界團結和諧、互助合作的功能，奠定台灣茶業穩定發展的基礎。

茶郊永和興除辦理業界團結、自肅與輔導茶業出口外，也重視茶業從業人員的福利，設「回春所」服務業界員工。由福建迎來媽祖神位供奉於回春所內，稱「茶郊媽祖」，供茶業從業信徒膜拜，並訂農曆9月22日茶神陸羽生日這天為每年祭祀日期。劉銘傳對台灣茶業初期發展，具有極大的貢獻，功不可沒。

茶郊永和興的結郊宗旨如下：

> 「竊惟財物之流通，國史必編貨殖之傳，其裒有禁，周禮特重司市之官，矧茶業係與洋行之貿易，宜作規約，垂之永遠，表忠信於外國，圖東瀛之富盛。我淡水茶業日昌，商船日繁，如綠乳浮甌，為泰西各國所貴重，如瓊花凝碗，其名遠馳於印度洋面。今物產滋豐，財源益開，然人多善惡不一，物盛弊害漸生，或以偽物冒名而謀其利，或混合粉末，企為射利，遂致誤及大局。爰集同業，共議規約，設禁例，一新舊習，毋貽圖利之誚，冀同心共濟，望杜私立之端，名曰『永和』，茶業興隆之佳兆也。生前途將有之好機，洋洋日進，大稻埕貿易潮流公平，滬尾船舶，當如雲霞之集焉。」

茶郊永和興雖為一民間組織，但對當時的台灣社會經濟發展，尤其是在茶業方面有很大的貢獻。綜觀其結郊宗旨，雖歷經一百二十年，對今天的台灣茶業界仍然是歷久彌新的崇高目標，值得大家深思。

自然清香階段

台灣製茶技術因魏靜時與王水錦等兩位先賢，研發新的茶葉製造技術，而使茶業生態變化進入第三期的「自然清香」時期。

魏靜時成功的研發新的製茶方法，其製法較傳統的烏龍茶簡單，而且不必經過薰花處理即有茶葉自然的清香，香氣比薰花茶還要香，震驚當時的茶業界，其特色為茶湯水色蜜綠、清香、滋味圓滑甘潤。王水錦的改良製茶法，是將武夷茶的製法直接加以改良，其特色為水紅、具熟香、滋味甘醇，惜因王氏晚年雙目失明，未能傳授而失去傳承。

當時台茶的兩大製造方法各有特色，魏靜時的方法稱「南港式製造法」，王錦水的方法稱「文山式製造法」。這兩種製茶方式都不必用薰花處理，即能製造出自然清香茶葉，所以民間有：「**台灣眞是好所在，樹葉也會出花香。**」的俚語。從此台灣茶業走入新紀元，茶農依個人經驗、地理環境、天氣變化以及採摘季節等情況，掌握茶菁靜置走水處理時程，開始自己製造茶葉。有趣的是，台灣茶農永遠認為自己的製茶技術，高人一等，大部分人均不願對外透漏自己的製茶方法。時至今日，仍是如此，不能互相切磋的結果，影響台茶整體技術水準的提升，殊屬可惜。

在台灣包花茶結束以後，魏、王兩氏所研製的茶葉，是以「南港種籽茶」（似以種仔茶的名稱為正確）品種之茶菁為原料製成，為配合當時茶葉外銷之需要，茶葉製造完成後，用方紙兩張內外相稱，放置茶葉4兩，包裝成長方形外觀的四方包，註記茶名、店號並加章戳，稱為「包『種籽』茶」，簡稱「**包種茶**」，是為包種茶名稱之由來。據日人井上房邦考據稱，此種包裝茶的方式，是由福建泉州安溪茶葉加工人士王義程氏所創授。目前北部所稱的「種籽茶」，即中南部地區種植的「青心烏龍」品種。

據1896年馬偕（George Leslie Mackay, D. D.）《台灣遙寄》載：每年有一至二萬人由廈門來到台灣，從事茶葉生產工作，包括茶師、揀茶女、採茶女等，這些來自唐山的員工，茶行還給予旅費資助，「回春所」就是當時茶業從業人員的職業介紹所，也是這些來自唐山人士，春來秋往的落腳處。

滿清時期，據台灣府領事報告：台灣交通工具並未因外人經濟力量的侵入，而有大的轉變，交通落後仍是台灣對外貿易的最大障礙。茶葉除1862年有3,516擔（1擔＝100斤）由外船載運外，主要由戎克（Junk）船載出，外船之大量使用始於1866年，但在1867至1876年間，仍有部分茶葉經由戎克船運送。戎克船是靠風力航行的帆船，其風險高危險性也較大。

1888年（光緒14年）劉銘傳指定建昌街（今貴德街北段）為外僑居住地，沿街茶行林立，有國人經營的舖家，也有外國人經營的番莊，與千秋街的茶行，合計有六十餘家，儼然成為茶莊大市。舖家經營包花茶與少數包種茶，番莊經營台灣烏龍茶。

據《淡水海關報告》：1890年台灣曾試圖發展栽桑養蠶事業，但因勞工為茶業所吸收難以推展；可見當時台灣北部人口已因茶葉生產而達到充分就

業水準。後來樟腦業的利潤雖較糖業為高，但因深山常受原住民的侵擾，南部蔗農轉業者仍為少數。為保障茶與樟腦業生產，漢民雖也有圍剿原住民的舉動，但不論是民間武力或政府軍隊，都很難應付占絕對優勢的原住民，其原因為：

1. 山地懸崖峭壁是原住民的天然保障。
2. 原住民身手矯健敏捷，極易避開漢民的攻擊。
3. 山區瘴氣嚴重，瘧疾是漢人的最大剋星。

所以，《淡水海關報告》也不得不承認：「台灣山地族是任何軍隊也難以應付的敵手」。

台灣茶葉在國際上聲譽日隆，大受好評，出口量大增，栽培面積也逐漸擴增，1893年台茶輸出量達983.69萬台斤，創歷年來的新高峰。台茶從產地到港口，早期以肩挑到台北的茶棧與大稻埕等集中地，再以舟筏或牛車運送到港口。

台灣南北口岸的腹地，是以彰化鹿港為界，北部產業輸出以淡水與基隆兩港為口岸，淡水有沙洲淤積，巨輪無法停泊，基隆與台北間又有大山阻隔，往來不便。茶葉的精製地點在大稻埕，鐵路未完成前，以淡水為主要的出口港，新竹到基隆的鐵路開通以後，基隆港才開始分擔部分茶葉出口運輸工作。

(四) 日本統治時期

1894年歲次甲午，清日因朝鮮問題發生戰爭，清國戰敗，第二年1895年（光緒21年）簽訂馬關條約，滿清政府將台灣和澎湖群島永遠割讓給日本，台灣官紳不服，宣布成立「台灣民主國」獨立自救，推舉唐景崧為大總統，但日本軍人旋於台北登陸，唐景崧棄走大陸，從此台灣接受日本五十年的統治，直至1945年二次大戰日本戰敗無條件投降方才結束。

日本人傳統飲用清茶與綠茶類，來到台灣發現包種茶蜜綠的水色與綠茶非常相似，更具有特殊的天然香味，而極為讚賞。因此，對台灣茶業銳意經營，除積極擴大栽培面積之外，也鼓勵包種茶的製造研究與改進，並拓展台茶外銷工作，包種茶為最主要的外銷茶類。當時台灣的農產品除水稻遍及全島水田外，旱田則以大安溪為界，**南糖北茶**為日治時期，台灣最重要的兩大外銷特用作物加工產品。

1901年台灣茶樹栽培面積約27,000餘公頃，初製茶產量約12,000餘公噸，台灣總督府殖產部為提升台茶產量，拓展對外貿易，分別於台北文山堡十五份庄及桃園桃澗堡龜崙口庄等地，設置茶樹栽培試驗場。1903年將以上二地試驗場廢棄，另創設殖產局附屬製茶試驗場——「安平鎮製茶試驗場」，於桃園竹北二堡草湳坡庄埔心（為今行政院農業委員會茶業改良場前身）。此為政府投入茶業試驗研究之濫觴，開啟台茶多彩多姿的研究發展工作。

當時台北文山、七星地區以製造傳統烏龍茶者居多，但以南港大坑的魏靜時與王水錦為首的少數包種茶製造業者，所產製的茶葉售價遠比烏龍茶為高，獲利更為豐厚，魏、王兩氏的製茶方法，遂在同業間互相傳播與學習，他們栽培的茶樹品種則以俗稱「種籽茶」的青心烏龍為主。平鎮茶業試驗場於1910年完成台灣茶業普查後，即公布魏靜時與王水錦二氏的製茶方法是最好的製茶法，同時在台灣茶業界廣為流傳。

1916年政府選定南港大坑粍橑（樟腦寮）為「包種茶產製研究中心」，擬聘請魏、王擔任製茶講師，但因年歲已高，且王氏晚年失明，而予拒絕。當時台北州農會及七星郡守都極重視，經派內湖庄長及地方耆宿力邀，再加上王水錦的力薦，魏靜時始同意受聘，成為首位茶農受聘為茶葉製造講師，總督府技師田邊一郎、製茶試驗場技手（技術員）井上房邦、山田秀雄、谷村之助，台北州農會技術員張迺妙、陳為楨等均參與學習包種茶製造師資培養訓練，並巡迴各地舉辦茶農講習會。台灣茶業進入全面性的改革，今之台灣製茶技術即源自魏靜時的「**南港式製茶法**」。

安平鎮製茶試驗場行政中心

1918年平鎮製茶試驗場技師谷村愛之助研發製茶機械，並貸借各製茶工廠，奠定台灣機械化製茶的基礎。該年試驗場並全面調查台灣茶樹品種，經選定「青心烏龍」、「大葉烏龍」、「青心大冇」和「硬枝紅心」等為台灣四大茶樹優良品種，並大量推廣，隨後因戰爭中斷，延至戰後1953年才由台灣省農業試驗所平鎮茶業試驗分所再次大量繁殖推廣。

1920年第一次世界大戰後，各國經濟蕭條，消費趨於緊縮，世界面臨經濟大恐慌，台灣烏龍茶輸出美國數量銳減，由前一年的1,100萬斤降為7萬斤，台北大稻埕倉庫茶葉堆積如山。政府為救濟茶農，與避免隔年陳茶混入新茶使品質降低，保證台茶品質水準，毅然以每百斤8圓（當時日幣）的價格強制收購焚毀。並在各茶區成立茶業改善團，積極輔導茶農，加強茶園管理與製茶技術，避免茶園荒廢，隨時得以恢復供應國際市場之需要。惟印度、錫蘭與爪哇等茶區亦積極改善茶葉品質，台灣烏龍茶品質雖好，但成本高、價格昂貴，無法與大批運往美國的爪哇紅茶競爭，台灣烏龍茶因國外市場銳減，自此一蹶不振。

因受台灣烏龍茶滯銷的影響，政府更重視南港包種茶的製造方法，於是自1921年起每年春秋二季舉辦講習會，委請魏靜時擔任講師，負責台北、新竹、豐原、南投等農會之茶葉技師以及茶師的培養訓練工作。再由這些師資巡迴各茶區指導茶農，以提高製茶品質。並嚴格規定茶農未曾接受講習訓練者，僅能生產茶菁出售，不得參與茶葉加工製造工作。並有效的組織茶農，以提高國際市場的競爭力。

1922年台灣總督府殖產局為改善台茶運銷價格操縱在茶販之手的缺失，糾合茶業公司與茶生產組合組成「台灣茶共同販賣所」，以督導輔助獎勵茶業為趣旨。1923年制定「台灣重要物產取締法」，設立「台灣茶檢查所」，嚴格檢查出口茶葉，檢驗合格始准出口，以保持台灣茶的品質與聲譽。

此時，台灣茶業生態已堂堂進入第四代，即以南港包種茶製造法所改良的台灣特有的茶葉製造技術，包括文山包種茶、凍頂烏龍茶、木柵鐵觀音等都屬於台灣包種茶系列。台灣茶葉生產雖源自大陸，但自此後即分道揚鑣，發展出與中國大陸完全不同的茶類，來自大陸的傳統茶葉製造法在台灣終於結束。

青出於藍而勝於藍，具有天然香氣的台灣包種茶類，開始聞名於全世界，風光歲月長達二十年之久。至1941年太平洋戰爭爆發，海運中斷阻滯，無法運輸，台灣包種茶也步入烏龍茶的後塵，外銷再次受到衝擊而沒落。

台灣茶業生態的演變世代	
第一代	台灣烏龍茶——傳襲自大陸武夷茶的製法。
第二代	台灣包花茶——台灣烏龍茶經薰花加工處理。
第三代	南港包種茶——由魏靜時茶農所研發。
第四代	台灣各地的包種茶類——諸如今之文山包種茶、凍頂烏龍茶、木柵鐵觀音等均以南港包種茶製造法為基礎所發展而來。

1923年日本裕仁太子（為後來之昭和天皇）來台度假，初飲南港包種茶香氣幽雅芬芳撲鼻，滋味甘醇歷久不散，愛不釋手，魏靜時茶師因而聲名大噪，深受各界讚譽。

1924年文山式製造法元祖王錦水逝世，享壽80歲。1929年南港式製造法元祖魏靜時逝世，享壽76歲，政府為感謝魏氏對台灣茶業的貢獻，特派七星郡守代表昭和天皇親臨致祭，並致贈「白櫻花狀」，尊稱魏氏為「台灣茶業大恩人」、「台茶之父」，極具榮寵。王錦水與魏靜時二氏可說是台灣包種茶製茶法的元祖，為今日台灣茶葉製造技術的最主要來源，但他倆間相差約10歲，王氏年紀較大，且晚年失明，故以魏氏較為出名。其後台灣包種茶製茶指導工作，由魏氏之公子魏成根及其孫女婿李綑粒延續，1931年魏成根成立「南港大坑製茶所」。

1930年政府於台北州林口庄設立「茶業傳習所」（茶改場文山分場前身），為培植台灣茶業從業專業人員之專門學校。負有徹底改善台灣茶業生產之使命；即提高茶葉生產量，改善製茶技術與品質，提昇台茶在世界各國之聲譽等重要使命。學員受訓期間，授與茶園栽培管理與製茶技術等最新知識課程，每月並發給學員生活費用，至1943年共培訓傳習生四百零九人，惜因戰爭而中斷。戰後於1946年10月恢復召訓，迄1968年改制為茶改場林口分場止，共召訓傳習生八期二百三十三人，從事茶葉生產技術改良工作，遍布全台，對於台茶復興與技術提升，具有極大的貢獻。

1926至1930年期間為台灣包種茶全盛時期，每年外銷量達3,000公噸，以南洋群島及中國東北為主要市場。此時南港製茶技術已執台灣茶業之牛耳，泰國政府甚至規定進口台灣包種茶，需貼有魏靜時茶師照片始准在泰國販售。1933年台灣茶栽培面積達戰前的最高峰46,000餘公頃，所產製的烏龍茶主要出口地為英美兩國，包種茶出口地則為東南亞及東北亞等亞洲地區。

1934年包種茶因受東印度公司之高關稅政策與低價的爪哇紅茶影響，外銷數量驟減。

歐洲人嗜飲全發酵的紅茶，此時印度、錫蘭、爪哇、蘇門達臘等紅茶出口國，咸感紅茶價格低落，不敷成本，各國協定限量輸出，使得台灣有機會發展紅茶拓展外銷。1919年台灣茶葉株式會社與拓殖製茶株式會社合併，開始在桃園大溪等地推廣紅茶之製造。1920年三井物產株式會社由印度引進阿薩姆茶樹品種，試種於南投埔里、魚池一帶，獎勵民間種植，並製造紅茶，1925年開始外銷歐洲各國，1937年外銷量已達最高峰5,800公噸，繼台灣烏龍茶及台灣包種茶之後，紅茶又成為台茶外銷的第三種茶類。1936年政府於南投日月潭畔設置「中央農業研究所魚池紅茶試驗支所」（茶業改良場魚池分場前身），專責辦理紅茶試驗研究工作。

1936年興建的魚池紅茶工廠

1938年日本發動大東亞戰爭（蘆溝橋事變之對華戰爭），將台灣規劃為後勤雜糧供應區，茶農必須去除一半茶園，改種馬鈴薯或番薯等雜糧作物，以供應軍糈民糧，茶業受到嚴重的影響。1941年太平洋戰爭爆發，台灣對外海運中斷，茶葉外銷受阻，外銷量一落千丈。年輕茶農被徵調參加軍隊工作，農村勞力嚴重短缺，茶園乏人耕種，任其荒廢，台灣烏龍茶遂絕跡於其他國家。喜愛台灣茶的顧客，尤其是美國的消費者，在這段戰爭期間，改變了飲茶習性，幾乎都把台灣茶給遺忘了。

(五) 戰後恢復時期

1945年8月6日及9日，盟軍在日本廣島和長崎兩地各投下一顆原子彈，8月15日日本宣布無條件投降，二次大戰終於結束，台灣也脫離了日本五十年的統治。10月25日由中國戰區統帥蔣介石接受日軍在中國戰區的投降，台灣由中國國民政府接收，成立「台灣省行政長官公署」。

戰後的台灣百廢待舉，茶園面積雖有34,000公頃，惟荒廢多年，收穫面積只有23,000公頃；初製茶產量1,400公噸，而外銷量僅寥寥28公噸，台茶完全陷入停滯狀態，為有史以來最低潮時期。所幸的是，一方面政府接收日據時期之所有公私營茶業會社，成立省營「台灣茶業公司」，隨後併入台灣農林公司為茶業分公司。台灣茶葉在政府積極輔導以及業者的共同努力下，積極重建茶園，整頓製茶工廠。另一方面，同樣受到戰爭破壞的印度、錫蘭、爪哇等重要產茶對手，尚未能有效的供應國際市場需要的情況下，台灣茶葉得以在過去國際市場所建立之基礎下迅速恢復。1947年正當台茶逐漸蓬勃發展之際，台灣不幸又發生「二二八事件」，整個社會經濟的不安定，使台茶發展元氣大傷，台茶經營又陷入苦境。

1948年美商協和洋行（Hellyer & Co.）來台設立分行，由上海聘請製茶專家來台試製炒菁綠茶，並在新竹縣新埔、竹東、關西、湖口及桃園縣楊梅等地，設立十二個綠茶製茶工廠，過程相當順利，成果極佳。1949年輸出綠茶1,190公噸到北非，從此開創了台灣綠茶的黃金時代，綠茶與北非洲結了二十餘年不解之緣。綠茶也成為繼紅茶之後，台茶出口的第四種茶類。

台灣茶源自中國大陸，中國以產製炒菁綠茶為主，台灣製造綠茶的歷史，應遠較紅茶為早，但綠茶外銷卻遠遠落於紅茶之後，究其原因乃取決於世界茶葉市場的需求；有人推測日本生產蒸菁綠茶，不願台灣再增產炒菁綠茶，打擊其本土茶葉，在國際市場上也將造成自相競爭，其間道理頗堪玩味，台灣並非其屬地，是清政府割讓給日本，此說似難以成立。

二次世界大戰結束不久，國共內戰嚴重，1949年戰況急轉直下，國民政府全面撤退來台，中國國民黨失去大陸的統治權。是年，金門古寧頭一役，阻止共軍轉侵台灣。同年，政府實行貨幣改革，以台幣（俗稱舊台幣）4萬元兌換新台幣1元，並實施出口結匯辦法，台灣的政經社會遂陷入一片紛亂。1950年6月韓戰爆發，聯軍協助南韓，中共支援北韓，韓戰成為國際焦點，美國派遣第七艦隊協防台灣，使得台灣海峽局勢趨於緩和。

政府撤退來台以後，實施「公地放領」與「三七五減租」，並於1953年實施「耕者有其田」等政策，農業在政府大力輔導，與農民努力從事生產的情況下，數年間，即恢復到戰前高峰期。1954年茶園面積46,000餘公頃，初製茶產量13,000餘公噸，輸出量達14,800公噸，該年的輸出量之所以超過年產量，是將前一年滯積的部分庫存量一併出清，開創了台茶空前的輸出紀錄。

政府為拓展台灣茶葉的市場，積極致力於三項措施：

1. 獎勵辦法：開辦外銷茶業貸款，保留出口實績，改定匯率，實施結匯保證，取消出口底價，簡化出口手續。
2. 輔導原則：聘請專家現場指導，改進製茶方法，舉辦優良茶製茶比賽。
3. 加強促銷推廣：積極參與國際茶業博覽會，派遣業界人士出國考察訪問。

1958年金門發生「八二三炮戰」，台海局勢又趨緊張，台茶外銷當然受到嚴重的影響。1959年台灣發生百年來的「八七大水災」，翌年1960年又發生「八一水災」，連續三年的人禍天災，山坡地崩塌農田流失，使台灣社會經濟受到重創。

1963年台灣綠茶輸出量62,700公噸，占出口量的46%。翌年，綠茶出口量超過紅茶，而居外銷茶類的首位。綠茶外銷以北非的摩洛哥、利比亞、阿爾及利亞、突尼西亞和中亞阿富汗為主；紅茶則銷往美、英、荷、新加坡等國。1965年引進日本煎茶（蒸菁綠茶）製造方法，1973年煎茶產量達12,000公噸，占出口量的51%。此時，台灣經濟發展，逐漸由農業社會轉入工商業社會，經濟開始起飛，工資上漲，年輕勞力向都市集中，農村勞力嚴重不足，趨向於老年化、婦女化，農業生產成本提高，競爭力相對降低。茶業亦不例外，逐漸難以和國外的廉價茶競爭。1974年發生第一次石油危機，台灣茶更陷入困境，外銷量逐年遞減，但截至1980年止，台灣茶葉仍然維持以外銷為主的狀況。

台灣省茶業改良場大樓

1968年台灣省政府為統一事權，加強台灣茶業發展，將台灣省政府農林廳林口茶業傳習所，台灣省農業試驗所所屬平鎮茶業試驗分所，以及魚池紅茶試驗分所等三個茶業試驗研究與訓練推廣單位合併，成立「台灣省茶業改良場」，「總場」設於桃園埔心的原平鎮茶業試驗分所，林口茶業傳習所改稱「林口分場」，魚池紅茶試驗分所改為「魚池分場」。1980年台灣省政府設置林口新市鎮特定區，徵收林口分場所有土地，以變產置產方式將林口分場遷移至台北縣石碇鄉改名為「文山分場」；另於台東縣鹿野鄉購地設置「台東分場」；於南投縣鹿谷鄉設置「凍頂工作站」。以桃園埔心總場為中心，完成台灣全島的茶業試驗研究與推廣工作網，負責台灣茶業之研究發展與推廣工作，成績斐然。筆者有幸於1999年3月至2001年11月接任該場跨世紀的場長，雖然時間短暫不及三年，但全場軟硬體設施，已就能力所及做最有效的建設，也因此對台灣茶業有極為深刻的瞭解，並促成本書之撰寫，深感與有榮焉。

(六) 外銷轉型為內銷之後

1972年台灣省政府主席謝東閔，為促進家庭代工加工業的發展，提出「客廳即工廠」的口號。過去，台灣紅茶與綠茶外銷時期，都是茶農出售茶菁，由大型的製茶工廠收購製銷。此時，一方面經濟開始起飛，家庭收入與消費能力提高。另一方面，茶葉外銷受挫，茶農響應政府的號召，在家設置製茶工廠，開始自產自製自銷，提供台灣特有的包種茶——文山包種茶、凍頂烏龍茶等高級茶類在國內銷售。台灣的茶葉遂由外銷轉為內銷，順利轉型成功，殊屬難得，這也堪稱為台灣經濟奇蹟。同時也打破台灣百年來南糖北茶的農業界線，茶樹的栽培由北部的紅壤台地，逐漸往中南部及高海拔山坡地移動。政府不再鼓勵擴大茶樹栽培面積。在1980年代以後，二十餘年來，台灣茶園面積一直維持在2萬公頃左右，茶葉年產量約2萬公噸。台茶逐漸轉型為以內銷為主，外銷為輔的產業，同時國內的飲茶、用茶習慣也朝向多元化發展。

20世紀70年代我國退出聯合國，政府推動文化復興運動，茶業界人士配合推動「茶文化運動」，思考如何把茶文化活動賦予清新與明確的名稱。日本「茶道」一詞，屬於中國唐宋時期的飲茶風格，較為

風景秀麗的南投八卦茶園

「禮教化」，神秘嚴肅且拘泥於形式。台灣所推動的茶文化運動，則趨向於明朝所留傳下來的風氣，一種閒雲野鶴、瀟灑脫俗自然、不拘泥於形式、生活化的飲茶方式，嗣後為有別於日本「茶道」，乃決定以「茶藝」一詞，代表台灣茶文化的名稱。

茶業改良場改隸揭碑

1973年政府正式核准茶藝館設立，各縣市隨即相繼成立茶藝協會，積極推動茶藝文化活動。1975年政府以行政命令，將「茶藝館」與具情色性質的「茶室」歸為一類，禁止茶藝館增設營業項目，在茶藝業者、學者與新聞界共同的努力下始獲得解禁，與傳統茶室劃分界線，還給茶藝館一個公道。1982年成立台灣茶藝協會與中華民國茶藝協會等全國性組織，全面宣導茶藝文化，以提倡正確的飲茶風氣為目的。

隨著國內週休二日的實施，大面積綠油油的青翠茶園，視野寬廣遼闊，景緻宜人，置身其中，令人心曠神怡，成為休閒農業發展的最佳環境；各地觀光茶園相繼開放，茶文化活動與解說，提供遊客自助製茶與茶食料理的推動，都有助於茶葉的推廣銷售。

1989年國內克服罐裝飲料茶氧化變色的瓶頸，各飲料公司開始供應罐裝茶類，惟使用的茶葉，大部分為進口的廉價茶，與國產的包種茶類無關。另外，因應工業社會簡單方便之要求，袋茶的崛起，在市場上亦占有一席之地，且數量逐年增加，已成為現代茶葉消費的另一族群。

台茶由外銷轉為內銷期間，經過一段低迷的滯銷期，政府為促進茶葉銷售，由農政單位輔導地方基層農會，鼓勵茶鄉辦理優良茶比賽，鼎盛時期一年舉辦次數曾達數百場次，其中以台北縣坪林鄉農會的條型文山包種茶，以及南投縣鹿谷鄉農會的半球型凍頂烏龍茶為最具代表性。另外，新竹縣的椪風茶、台北縣的木柵鐵觀音、石門鐵觀音、三峽龍井茶等等地方特色茶，也都舉辦各種不同的比賽。雖說優良茶比賽對台灣茶葉的促銷，有一定程度的效果與成績，但也產生不少的後遺症，於本書第十二章中有詳加討論。

1999年7月政府凍省廢省之後，在沒有詳細規劃之下，倉卒的把最重要的農業主管與執行機關「台灣省政府農林廳」廢除，整個農業行政體系一團混亂。茶業改良場改隸行政院農業委員會。

同年9月發生芮氏地震儀7.8級的「九二一集集大地震」，山崩地裂，台灣中部地區茶園受損面積達2,800公頃；第二年夏季又發生「桃芝颱風」，更使中部地區茶園受害雪上加霜。值得一提的是，在九二一大地震以後，筆者所主持的茶業改良場為協助茶農儘速復耕，立刻派遣所屬人員深入災區，實地瞭解茶園受害情況，並著手編撰復耕措施，於10月底短短一個月餘的時間出版「九二一集集大地震茶業災情及復建特刊」單張，並於12月完成「九二一集集大地震茶園震災復耕手冊」各4,000份，提供農民緊急參考應用，對於時效的爭取與豐富的內容，均頗受茶農與各界之重視與好評。

九二一集集大地震茶園坡崁毀損情形

時序進入21世紀，在2003年以後，行政院農委會農糧署連續辦理多年全國性茶葉比賽，不管是文山茶、凍頂茶、鐵觀音，或是龍井、紅茶……，通通不分類別，全部包山包海的混在一起評比，選出號稱「全國第一好茶」，這第一好茶1台斤（600公克）的義賣價格竟然逐年增高，由第一年40餘萬元，第二年80餘萬元，第三年100餘萬元……，實際上這些高達數十萬餘元以上的茶價，都只是1台斤的義賣價格罷了，其餘茶葉就連超低價都賣不出去，而可憐了茶農。有一年在標售過後，該批號稱80餘萬元的冠軍茶，送到總統府前農產品展售場，且規定每人限購半台斤，據說售價降到每台斤6,000元，也只賣出數斤，乏人問津。真如台灣人常說的「烏魯木齊」，外行充內行，胡搞一通。真正受益的是茶商，而不是茶農。根據報載，標購者說：「這一斤茶葉，半斤將送給總統品嚐，半斤則保存在茶行內供起來，捨不得飲用。」不知消費者們有沒有注意到，當該公司購買這斤茶後倉庫所有的茶就都是這個價格了，不信請大家注意茶葉公司的電視廣告，就知道了。這些大老闆也公開的在電視節目中證實，買了冠軍茶後去年銷售額增加

九二一集集大地震等高耕作茶園崩毀情形

億元以上。實際上這斤茶葉的價格比廣告費便宜多了。這種行徑簡直是揠苗助長，引起社會大眾極大的爭議，台茶走到這一地步，讓人不無遺憾！

六、台灣茶葉產銷狀況

世界茶葉總產量在1995年以前約250萬公噸左右，千禧年時為2,914,000公噸，進入21世紀以後終於突破3,000,000公噸，2001年3,035,000公噸，2004年達3,233,000公噸，十年間約增加28%。

茲將1995至2004年的世界茶葉總產量列如**表1-1**：

表1-1　1995至2004年的世界茶葉總產量　（單位：萬公噸／年）

年度	1995	1996	1997	1998	1999	2000	2001	2002	2003	2004
產量	252.5	265.4	274.3	299.1	290.8	291.4	303.5	304.2	315.3	323.3

全球茶葉生產以全發酵紅茶為絕大多數（**表1-2**），占總產量三分之二以上，不發酵的綠茶次之，約占四分之一，部分發酵的包種茶與烏龍茶數量則屬少數。以2004年為例，總產量為3,233,000公噸，其中紅茶（包括碎形與條形）2,234,000公噸，占總產量的69.1%；綠茶824,000公噸，占25.49%；其他茶類（包括白茶類、青茶類與黑茶類）175,000公噸，占5.41%。（**表1-3**）

表1-2　1995至2004年全球紅茶產量變化　（單位：萬公噸／年）

年度	1995	1996	1997	1998	1999	2000	2001	2002	2003	2004
產量	180.5	190.8	198.3	219.3	207.8	209.4	219.1	215.4	222.2	223.4

表1-3　2004年世界各類茶產量　（單位：萬公噸／年）

茶類	碎形紅茶	條形紅茶	綠茶	其他	總量
產量	132.5	90.9	82.4	17.5	323.3
百分比	40.98	28.12	25.49	5.41	100

其他茶類即包含部分發酵茶類，諸如包種茶、烏龍茶等，主要產地為台灣與中國大陸的福建、廣東等少數地區（**表1-4**）。2003年兩岸的烏龍茶產

量約99,300公噸，其中中國大陸81,300公噸，占81.87%；台灣18,000公噸，占18.13%。

表1-4　2003年世界烏龍茶產量						(單位：百公噸)
產地	台灣	福建	廣東	湖南	四川	浙江	總量
產量	180	653.45	151.56	5.23	1.24	1.20	992.68
百分比	18.13	65.83	15.27	0.53	0.25	0.12	100

近年來，台灣茶農出走中國大陸與東南亞國家，生產台式的烏龍茶類，其中越南的茶產量由1995年的402,000公噸，逐年增產，至2004年已達95,000公噸。外銷量則由1995年的18,800公噸，增加到2004年的70,000公噸；此時越南茶葉將成為台灣茶的主要競爭對手（**表1-5**）。

表1-5　1995至2004年越南茶葉產量與外銷量　(單位：萬公噸／年)

年度	1995	1996	1997	1998	1999	2000	2001	2001	2003	2004
產量	4.02	4.68	5.22	5.66	6.50	7.00	8.00	8.80	9.30	9.50
外銷	1.88	2.08	2.70	3.32	3.64	5.57	6.82	7.48	5.99	7.00

台灣國內的茶葉種植面積，近十餘年來都在20,000公頃左右，年生產量也約20,000公噸。1996年產量23,100公噸，2005年為20,800公噸。實際上台灣是一個茶葉進口國，1996年的進口量為7,400公噸，亦逐年增加，至2005年已經達到20,800公噸，與國內的生產量相等。台灣茶出口量卻相對的銳減，1994年出口量為4,370公噸，1995年驟降為3,170公噸，1996年為3,480公噸，至2005年僅剩下2,170公噸（**表1-6**）。值得安慰的是進口茶大部分為廉價的罐裝飲料茶原料，而出口的則是高級的包種茶類。

表1-6　1996至2005年台灣茶葉總產量與進出口量　(單位：萬公噸／年)

年度	1996	1997	1998	1999	2000	2001	2002	2003	2004	2005
產量	2.31	2.35	2.26	2.11	2.04	1.98	2.04	2.07	2.02	2.08
進口	0.74	0.77	0.87	1.20	1.22	1.53	1.73	1.85	1.96	2.08
出口	0.35	0.29	0.25	0.31	0.30	0.25	0.26	0.27	0.24	0.22

值得大家重視的是，台灣向越南進口的茶葉，由1996年的5,540公噸，增加至2005年的16,130公噸。進口的越南茶葉除作為上述廉價罐裝飲料茶原料外，有部分不肖茶商、茶農進口後，混充國產的台灣半球形包種茶，以高價出售，嚴重打擊台灣本土茶葉。另外，20世紀50、60年代越戰期間美軍在越南中部清除北越共黨分子，為去除森林植被大量施用落葉劑，對土壤所造成的污染，可能因茶樹吸收後影響人體健康等問題，都極具爭議性，因此對藥劑殘留與影響消費者健康等，都值得吾人注意。

表1-7　1996至2005年台灣自越南進口茶葉數量　（單位：千公噸／年）

年度	1996	1997	1998	1999	2000	2001	2002	2003	2004	2005
產量	5.54	6.19	6.93	8.84	10.33	13.01	13.96	15.13	16.06	16.13

台灣茶葉每人每年的消費量，以（生產量＋進口量－出口量）÷全國人口數計算，由1984年的680公克到1985年的712公克，逐年增加，迄2003年已達1,647公克，二十年間每人每年消費量增加達2.42倍。難怪在一片低迷的台灣農產業中，茶業仍然是一枝獨秀，值得茶業界人士珍惜。

表1-8　台灣歷年來茶葉平均消費量　（單位：公克／年）

年度	1985	1987	1989	1991	1993	1995	1997	1999	2001	2003
產量	712	925	832	1066	1028	1210	1304	1310	1459	1647

茶不論是世界總產量，或是台灣的平均消費量方面，近年來均呈現大幅成長的趨勢，雖然台灣茶葉的產量，由內銷看來已呈飽和狀態，其實卻不然，台灣茶葉年產量約20,000公噸，進口量也達20,000公噸，出口量僅2,000公噸，全年國內的茶葉總消費量為3.8萬公噸，實際上台灣是一個茶葉進口國。茶是保健飲料，外國人對於茶葉的需求是以增進健康為主，喝茶就像喝咖啡一樣要加糖，對於國人所講求的喉韻甘醇問題，外國人根本不懂，也無法體會，所以外銷茶最注重的應是農藥殘留的問題，只要在栽培過程中，能夠重視病蟲害防治工作，產品能通過各國的進口檢驗標準，台茶的發展不論是內銷或外銷都有極大的發展空間，希望台灣茶人大家能夠繼續為台茶共同奮鬥，台茶的前途仍是大有可為與無可限量。

貳 植株形態與育種繁殖

關於植株形態與育種繁殖

茶樹屬多年生的木本植物，原產於東南亞洲季風氣候區包括中國東南部、中南半島、緬甸、印度阿薩姆一帶。野生茶樹有小葉種與大葉種之分，小葉種為灌木型高約1至2公尺，大葉種為喬木型或小喬木型，高可達6至7公尺以上。

茶樹的繁殖方法，可分為有性繁殖法（種子繁殖法）與無性繁殖法（營養繁殖法）兩種。台灣的茶樹育種，自1903年日本人在桃園埔心設立試驗研究單位以來，一直以人工雜交為主要的育種方法，每年雖然採得雜交種子數千粒，也經由這些雜交種子，選出數十個優良品種（系），惜真正受到消費者歡迎，參與經濟栽培行列者，仍寥寥無幾。

一、茶在植物分類學上的地位

茶樹學名**Thea Sinensis (L.) Sims**，英文名稱Tea。原產於東南亞洲季風氣候區，包括中國東南部、中南半島、緬甸、印度阿薩姆一帶。地球上茶樹主要栽培區域在北緯35度以南至南緯8度以北，東經80度至140度之間；世界茶葉重要產地有台灣、日本、中國大陸東南部、中南半島、緬甸、斯里蘭卡、巴基斯坦、印度、印尼、馬來西亞等地，都在此範圍之內。

茶樹屬種子植物門，雙子葉植物綱，其在植物分類學上之地位表列（黃泉源，1954）如下（**表2-1**）：

表2-1 茶樹植物分類學地位表

門（Division）	種子植物門（**Spermatophyta**）
亞門（Subdivision）	被子植物亞門（**Angiospermae**）
綱（Class）	雙子葉植物綱（**Dicotyledones**）
亞綱（Subclass）	離瓣花亞綱（**Choripetalae or Polypetalae**）
目（Order）	側膜胚座目（**Parietales**）
科（Family）	山茶科（**Theaceae**）
屬（Genus）	茶屬（**Thea**）
種（Species）	茶種（**Sinensis**）

1753年瑞典植物學家Carl Linnaeus，出版一本《植物種誌》（*Species Plantarum*），初版時將茶樹命名為**Thea Sinensis**，但在第二卷出版時則稱為**Camellia**。因此，植物學界對於茶樹的屬名有兩種不同的看法：一為上述**Thea**，另一為**Camellia**；茶樹學名數度更易。姚國坤等所編《中國茶文化》一書，採用中國學者錢崇澍1950年所定的**Camellia Sinensis (L.) O. Kuntze**，為茶樹學名。

二、茶樹的植株形態

茶樹屬多年生木本植物，野生茶樹有小葉種與大葉種之分。小葉種為灌木型高約1至2公尺；大葉種為喬木型或小喬木型，高可達6至7公尺以上。經濟栽培茶樹分單生或叢生，經予修剪矮化，成行栽培，高0.4至1.5公尺。

茲將茶樹植株形態簡介如次：

喬木型（左）與灌木型（右）茶樹

(一) 根

根之發育依繁殖方法不同而有差異。其中以種子繁殖的實生苗具有主根和側根，主根能垂直伸入深層的土壤中，甚至石縫中數公尺，可吸收深層的水分及養分，較能防止旱害；壓條苗與扦插苗則無主根，而多側根，不易伸入深層土壤，大多分布在0.5公尺以內的淺層表土中，易受乾旱造成災害。茶樹根部發育強弱與品種特性有極大的關係，嫁接繁殖時對於砧木的選擇，應選擇根系發育旺盛的品種。

一般雙子葉植物根部之發育，初生後最初一年，自橫切面觀察，其維管束鞘、韌皮部以及木質部等，都集中於根部之中央，周圍由皮層柔膜組織所包圍，形成層約在一年以後始能發育完成。但是，茶樹的根發育速度較快，未滿一年形成層即已發育完全。

(二) 莖

莖由種子之胚芽發育而成，莖發生枝葉的地方稱為節，二個節之間為節間，分枝係由側芽生長產生。自然生長的茶樹，小葉種主幹不明顯，離地數公分即開始分枝，密而叢生。分枝之生長情形有二種，向上伸展者稱為直立型，向側邊開展者稱為開張型。直立型分枝少，節間長；開張型分枝多而密，節間短。大葉種主莖長，離地0.5至1公尺間才開始分枝，直徑可達20公分以上。莖木質，幼枝十分柔軟，表皮青綠色，常有縱裂紋。老枝逐漸變為棕灰色，質細緻而堅韌。老樹幹呈灰白色或褐灰色。

茶樹發育完成的莖，其橫切面組織由外向內分為：

1. 表皮：為最外一層細胞層，排列緊密，被覆角質層，用以防止水分蒸發，保護內部組織。表皮中具有少數皮孔，提供內部細胞與外界通氣之用。
2. 皮層：介於表皮與維管束之間，分二部分，外為厚角組織，胞壁甚厚；內為柔膜組織，胞壁薄，呈不規則多角形。
3. 中柱：位於皮層之內，分為維管束鞘、維管束、髓及髓線等四部分。
   (1) 維管束鞘：在韌皮部外，由柔膜組織組成，與韌皮部之間分界模糊。
   (2) 維管束：緊接維管束鞘，又分：
      ① 韌皮部：由篩管、韌皮、柔膜組織及伴細胞（Companion Cell）所組成，為狹長且厚壁的韌皮纖維，強韌而富彈性。
      ② 形成層：位於韌皮部與木質部間，能不斷的分裂產生韌皮部與木質部。
      ③ 木質部：為導管、管胞（Trachia）、木質纖維以及木質柔膜組織等所組成。
   (3) 髓：位於莖之最中心部位，髓部細胞內向較大，靠木質部的地方較小，但與其他部位之細胞比較，髓細胞仍較大。
   (4) 髓線：由一或二層長方形細胞組成，如線條，由髓部向莖之周圍放射狀射出，貫穿維管束與維管束鞘而達於皮層。

(三) 葉

芽葉形狀是品種的重要特徵

茶樹的葉，由葉片與葉柄所組成，無托葉。常綠互生，每節著生一葉，葉序多為五分之二，亦有二分之一或七分之三者。葉緣基部全緣，上部呈小鋸齒狀，鋸齒之大小、疏密、鈍銳，以及排列狀態隨品種而有顯著的差別。葉面光滑，葉背幼嫩時有茸毛，或顯或隱，成長後茸毛脫落，具羽狀葉脈。葉形有橢圓形、披針形、倒披針形、卵圓形、倒卵圓形，尖端與基部的形狀或銳或鈍。葉片大小依品種而有極大的差異，約3至30公分不等。葉片之各項不同性狀，都是品種鑑定時的重要依據。

葉的分類

葉依生長先後、著生部位與成熟度，可分為：

1. 魚葉：或稱魚鱗葉，俗稱腳葉，日本稱為胎葉。為側枝開始的第一葉，邊緣平滑無鋸齒，先端鈍，色較淡，形狀特別小。
2. 老葉：又稱成葉，色澤較濃綠，已革質硬化，不適合做為製茶茶菁原料。
3. 嫩葉：為當季（期）新梢所發之芽葉，質柔軟，色黃綠、或紫、或紅，隨品種而異。通常茶樹的葉色，皆指嫩葉之色澤而言，大葉種較淡帶黃，小葉種較濃而帶紅或紫。採摘枝條先端之嫩葉，一心二葉做為製茶原料，此即俗稱之「茶菁」。
4. 對口葉：茶樹新梢發育後即開始長出新葉，依品種與樹勢強弱不同，新葉長出六至十餘片，茶樹本身營養已不足以供應新梢生長時，頂芽即陷入休眠狀態（此時的頂芽稱為「駐芽」），最上面的兩片葉子，相對發育成展開狀，一般稱為「對口葉」，台灣茶農習慣稱做「開面」或「對開葉」。茶樹樹勢衰弱時，常於新梢長出二至三葉即停止生長，並產生許多弱小的對口葉，此時宜加強肥培管理，停止採摘，

休養生息，以促進光合作用，累積養分，恢復樹勢。

葉的構造

葉之內部構造，可分下面三部分：

1. 表皮：被覆於葉面與葉背之外表，有上表皮及下表皮之別，由單層細胞組成，合稱表皮組織。葉面之上表皮有無數精細多角形細胞，但無氣孔。葉背之下表皮細胞，外圍水波狀，有無數的氣孔，氣孔周圍有三或四個狹長的伴細胞，呈切線狀排列，中間留有狹小的細孔，因品種而有顯著的差異，故可做為判定品種之依據。
2. 葉肉：介於葉面與葉背之上、下表皮間之柔膜組織，上為柵欄狀組織，下為海綿狀組織，均含葉綠素，柵欄狀組織所含葉綠素較海綿狀組織為多。在葉肉中有特異之硬膜組織，或其變形物石核細胞，大而無色，隨葉之成熟度而增加，以支持上下表皮，其形狀也是品種最顯著之特徵。
3. 葉脈：羽狀，其主脈明顯，側脈有五至十四對，主脈與側脈間之夾角，依品種不同自40度至80度不等，為品種鑑定之重要特徵。葉脈為葉片中的維管束，由木質部、韌皮部外加一層纖維質所組成，末端留有一導管供應葉片的水分與養分。

(四) 花

花芽著生於當年生春、夏枝條之葉腋間，大小依著生部位而定，有單生或叢生，為球狀、花梗彎曲。一般以枝條頂端的花朵最大，直徑可達2至3公分。基部附生三枚苞片，形似魚葉，花蕾成長後即脫落。

花為兩性花，於秋、冬季開花。為單頂或短總狀花序。花萼五至七片，色淡綠或濃綠，亦有略帶紅色者，呈覆瓦狀疊合，萼面光滑；革質有保護花蕾作用，授精後向內閉合，不脫落以保護子房，直至果實成熟，故稱「宿萼」。花冠生於萼片內，花瓣五至七片成一圈或兩圈，基部癒合，上部分裂。雄蕊基部與花冠基部癒合，分二層：外層花蕊長而細，密而多；內層分布於子房四周，壯而短。花藥呈“T”形著生，分為二室，囊內貯存黃色花

茶樹的花

粉粒，完熟時易散落。雌蕊位於花朵的中央，花柱基部合一，成管狀，柱頭二至四裂，通常為三裂，成熟時分泌白色黏液，用以粘著花粉粒。子房上位，表面密生茸毛，內分三至五室，多數為三室，有薄膜隔離，各懸垂胚株四至五顆。

茶樹開花結實習性，雖受品種特性以及氣候變化的影響而有差異，但這些差異並不顯著。大多與茶樹生長勢的強弱、生理狀態等有絕對的關係。營養生長旺盛、茶菁品質良好時，開花結實率較低；反之，當樹齡老化、病蟲害嚴重、旱災危害等使樹勢衰弱時，多數品種即開始大量開花結實，為傳宗接代作準備。

(五) 果實與種子

果實為球狀蒴果，由複子房結成，初為綠色，稍成熟為綠褐色，進而呈褐色，成熟時為黑褐色。外表光滑，果皮由子房壁形成，分三層；外果皮厚，呈黑褐色，中果皮稍薄而堅韌，內果皮為棕色薄膜。每一果實有一至五顆種子，以三顆為多。

種子為花授精後，由子房之胚珠發育而成。種子的形狀依品種而異，球形或稍扁，平滑暗褐色，內含子葉及胚芽。子葉肥大堅實富含澱粉、油分、單寧及植物性蛋白質。胚直立，軸短，無胚乳。種子成熟時間長達一年之久，每年11月前後開花，至翌年秋季方能成熟。

茶樹種子　　茶樹果實

三、茶的分類

茶的分類依茶樹血緣、春茶萌芽採收期、製茶種類等等，而有各種不同的分類法。不要說一般的消費者分不清楚，就是種茶、製茶的農友，有時也解說不清楚。茲將一般常用的分類型態說明如次：

1. 依茶樹血緣：可分為喬木性的大葉種與灌木性的小葉種；一般大葉種適宜製造紅茶，不宜製造包種茶與烏龍茶，製綠茶時品質不佳，屬中、下級綠茶。小葉種可製造各種茶類，但以包種茶、烏龍茶和綠茶為主。

小葉種　　大葉種

2. 依春茶萌芽採收期：可分早、中、晚生種三大類，各類大約相差7至10天左右。四季春、硬枝紅心屬早生種。青心大冇、台茶12號、13號屬中生種。青心烏龍屬於晚生種。如能預先規劃種植不同採收期的品種，使產期錯開，可避免採製勞力過度集中，造成雇工不易，延誤生產、降低品質的窘境。
3. 依採茶季節：分春茶、夏茶（或稱六月白）、秋茶（又稱白露茶）、冬茶。（大陸所稱「雨前茶」為穀雨前採收的春茶）
4. 依茶樹品種名稱：如青心烏龍、大葉烏龍等都簡稱烏龍；青心大冇、硬枝紅心、鐵觀音、四季春、金萱、翠玉等等，都是品種名稱。
5. 依製茶的種類：分不發酵茶（即綠茶類）、部分發酵茶或稱半發酵茶

（學術上稱為包種茶類），和全發酵茶（即紅茶類）三種。不同的製茶種類又再細分為：

(1) 不發酵茶：又分炒菁綠茶與蒸菁綠茶。

(2) 部分發酵的包種茶類：又分條形文山包種茶；半球形凍頂烏龍茶、鐵觀音茶。

(3) 全發酵茶：又分碎形紅茶與條形紅茶。

6. **依產地行政區域**：分木柵、坪林、文山、峨眉、北埔、凍頂、魚池、名間、阿里山、蘭陽等等不同名稱的茶葉。

7. **依產地海拔高度**：分平地茶、中海拔茶、高海拔茶（或稱高山茶）。

8. **依焙火程度**：可分生茶、輕（焙）火茶、中火茶、重火茶、熟茶。

半球形的凍頂烏龍茶

9. **依貯存期長短**：分新茶、陳年茶。

10. **依茶葉外觀形狀**：分條形茶、半球形茶、球形茶、碎形茶、粉末茶、緊壓茶（團、餅茶）。

11. **依中國傳統茶葉分類**：有綠、黃、白、青、紅、黑六大茶類（後面相關章節有詳細介紹）。

12. **加味茶**：在茶葉中加入不同的香料，即各式薰花茶，如稱香片的茉莉花茶、桂花茶；還有香草茶、添加香精的茶類等等都可稱之。

以上分類名稱沒有一定的標準，不同的分類常混合著使用，互相混淆，消費者往往分不清楚，到底是品種還是茶類名稱，常搞得霧煞煞。更弄不清楚到底什麼是烏龍茶？什麼是包種茶？一般以茶樹品種來說，烏龍茶大部分是指青心烏龍品種。但是以製茶種類來分，部分發酵茶中的半球形包種茶，也泛稱烏龍茶類。目前市面上不管用什麼品種製造的部分發酵茶（包種茶泛指條形包種茶），以**文山包種茶**最具代表性；烏龍茶則泛指半球形包種茶而言，以**凍頂烏龍茶**為代表。文山包種茶是以產地台北「文山」加上製茶種類

「包種茶」而來；至於凍頂烏龍茶則是以產地鹿谷「凍頂山」加上茶樹品種「青心烏龍」名稱而來。

在烏龍茶優良茶比賽時，常分為烏龍組與新品種組。其中烏龍組的茶菁原料本來應專指青心烏龍品種，但有些地方把大葉烏龍、四季春等品種都歸在烏龍組。新品種組指茶改場育成的品種，如台茶12號茶菁所製造的烏龍茶，有稱為**烏龍茶、新品種烏龍茶、金萱茶、金萱烏龍茶**；台茶13號稱為**翠玉烏龍茶、翠玉茶**，或統稱**烏龍茶**。很多不同名稱，其實都是同一種茶；反言之，也有許多是相同名稱，實際上卻是不相同的茶葉，讓消費者很難分辨。

烏龍茶中「台灣烏龍茶」、「凍頂烏龍茶」與「高山烏龍茶」這三種茶類，請讀者務必認識，否則就難以認定你是茶葉行家喔！

1. 台灣烏龍茶：指椪風茶系列的茶葉，高級品稱「椪風茶」，普及品稱「番莊茶」，是早期外銷美國的主軸，也是台灣特有的茶類。
2. 凍頂烏龍茶：指產於中海拔地區，茶湯滋味醇厚甘潤、重喉韻的半球形茶類，屬於中火到重火茶。
3. 高山烏龍茶：產於高海拔地區，兼具條形包種茶的濃烈花香與半球形烏龍茶的甘潤喉韻的茶類，屬於輕火茶。

台灣鐵觀音茶，不論是以鐵觀音品種茶菁所製的木柵鐵觀音，或是以硬枝紅心品種製造的石門鐵觀音，茶湯顏色呈琥珀色，濃艷清澈，屬於較重發酵茶類。因此，我們的印象就將鐵觀音茶湯的顏色，定在木柵鐵觀音的琥珀色。但是，台灣茶農到大陸生產的鐵觀音，茶湯的顏色與台灣高山茶相似，為蜜綠色，是以鐵觀音品種茶菁為原料，以台灣高山茶製造方法所製成，商品名稱是依品種名所定，並不是台灣的鐵觀音茶類，故應歸為輕發酵茶類。

椪風烏龍茶呈五色相間

總而言之，市售的茶葉，僅依外包裝標籤名稱，很難判斷葫蘆裏賣什麼藥？茶罐裏裝的到底是什麼茶？行家，是需要自己長時間慢慢的去體會與了解。

四、茶樹育種

茶樹屬常異花授粉植物，受天然環境的影響，以及人為混雜的關係，個體間的形質互相差異，變種繁多複雜。據學者研究茶樹的天然自交率在2%至3%以下，如以「人工自花授粉」、「同株異花授粉」、「扣紙袋」、「網罩內加昆蟲」等各種可能提高授粉機率的措施，進行人工自交授粉，其自交率也只能提高到7%至10%左右。

現代作物育種方法，有由國外引種，地方品種改良者，包括純系選種法與集團選種，以及創造新種，包括雜交育種與突變育種等，依作物之特性，選擇適當的方法，進行育種工作。常異花授粉作物，其遺傳質即為異質，如欲以雜種優勢進行育種工作，在進行人工雜交前，必須先培植自交系（Inbred Line），然後兩個優良自交系再進行雜交，採單雜交或雙雜交的方法，以選拔優良個體，在短期作物方面如玉米等，已有許多成功的實例。

茶樹屬於常異交木本植物，每一世代最少要五年以上，且其人工自交率甚低，育成自交系進行雜交優勢育種，困難重重，幾不可能。多年生木本植物，如果樹等以無性繁殖之植物，最常用的育種方法，以突變育種為最重要。

突變育種包括：(1)天然突變，在作物群中發現變異的優良單株或芽條變異，即予以採取培育，繼以選拔繁殖之；(2)人工誘變育種，以放射線、化學方法，如秋水仙鹼誘發染色體或基因突變，以供人工選拔之用。

茶樹染色體數為2n＝30，大部分茶樹屬2n＝30的二元體，也有單元體2n＝15，以及三元體2n＝45者。一般來說，中國、日本、台灣的茶樹品種大多屬於二元體。日本栽培之唐茶品種「臯盧」及靜岡茶業試驗場育成的「牧之原」都是三元體。學者M. K. Subbo曾在中國變種中發現單元體。有學者在茶樹利用誘變育種，欲得多倍體的優良品種，但均徒勞無功而無結果。

台灣的茶樹育種，自1903年日本人在桃園埔心，設立試驗研究單位以來，一直以人工雜交為主要的育種方法，每年雖然採得雜交種子數千粒，也經由這些雜交種子，選出數十個優良品種（系），但真正受到消費者歡迎，參與經濟栽培行列者，仍寥寥無幾。台茶12號、13號在20世紀80至90年代，雖然受到消費者的歡迎，但近年來已有逐漸消退的趨勢。究其原因，數十年來台灣部分發酵茶，不管是文山包種茶或是凍頂烏龍茶，仍以「**青心烏龍**」為最受歡迎，而且是歷久不衰的品種。所有育種都以「青心烏龍」的性狀為目標。但青心烏龍品種的缺點是，**生長勢弱不抗枝枯病**與**不適宜機採**。

青心烏龍是台灣的指標品種

既然台灣茶樹育種都以「青心烏龍」品種的優良性狀為育種目標，何以不針對它的幾個缺點來進行改良？筆者在1999年接任茶業改良場場長後，認為台茶的栽培面積約2.1萬公頃，其中半數多一點是「青心烏龍」，如能在這些青心烏龍茶園中，進行抗枝枯病、生長勢強的單株選拔，必能事半功倍，在幾年的短時間內，得到生長勢強且抗枝枯病的優良新品種。曾於各種講習會中請求茶農，如在茶園中發現有生長勢特別強的單株，請與改良場人員聯繫，以便派員前往勘察。在茶農積極的提供線索中，經派員勘察發現有混雜的品種，也有變異的單株，可作為選種材料，茶改場均派員予以標記，準備採集回場種植觀察，可惜壯志未酬，筆者已離開該場，無法完成。

在茶業改良場傳統的雜交育種方面，雖然選擇優良茶樹作為育種材料，進行人工雜交，在理論上可以提高優良個體的發生率，但若無法先行純化父母本再進行人工雜交，其功效應該不大。茶樹既然自交率不及2%至3%，選定優良的母樹，採集天然雜交種子播種，進行集團選拔，再依育種程序進行各級比較試驗，選出優良的新品種（系），不失為是較簡便的方法。

茶樹育種程序

實生苗、單株變異與芽條變異等選拔，再加無性繁殖，應該是茶樹育種的最佳方法。依據茶業改良場所定的「茶樹育種程序」，由親本選定、雜交、採種、播種，至苗圃選拔共約三至五年。進入新個體選拔（初級比較試驗）約需三至六年。品系比較試驗（中、高級比較試驗）需六年。區域試驗亦需六年。總計茶樹育種全程至少需要二十一年以上的時間，始能提出命名。茲將各階段之選拔重點略述如次：

苗圃選拔

一年生幼苗，莖高約可長至30公分左右，直徑5至6公釐。可依據茶芽顏色、幼芽茸毛密度、葉片厚薄大小、耐旱性、抗病蟲性、生長勢強弱等，將形質不佳的實生苗個體，先行予以淘汰。保留的實生苗提供單株個體選拔之用。

個體選拔

苗圃選拔後之優良個體，以行株距1.8×1公尺之距離，定植於田間。並按一般茶樹的栽培管理方式，進行管理。自第四年起，為便於整理，以三百至五百個體為一組，進行單株個體的生長特性、產量、製茶品質等調查，並與母樹及對照品種進行比較，經三年，即種植六年後選拔較優良的個體約5%至10%左右，分別編號，成立個別單株優良品系，以無性繁殖苗木，準備進入品系比較試驗。單株變異和芽條變異之單株個體，則直接進入本階段，並酌予縮減個體選拔年限。

品系比較試驗

每品系以行株距1.8×0.45公尺的距離種植，每十株為一行，各逢機種植三行。再經六年的試驗調查，選拔製茶品質、產量、生長勢、適應性較佳的品系，進入區域試驗。

區域試驗

當選進入本試驗之優良品系，應選擇三至五個茶區，進行區域試驗。每一地區仍依品系比較試驗之行株距種植，每品系三行為一小區，最少逢機四小區以上，經六年的試驗調查，表現優異，具有經濟栽培價值之優良品系，即可提出命名申請。

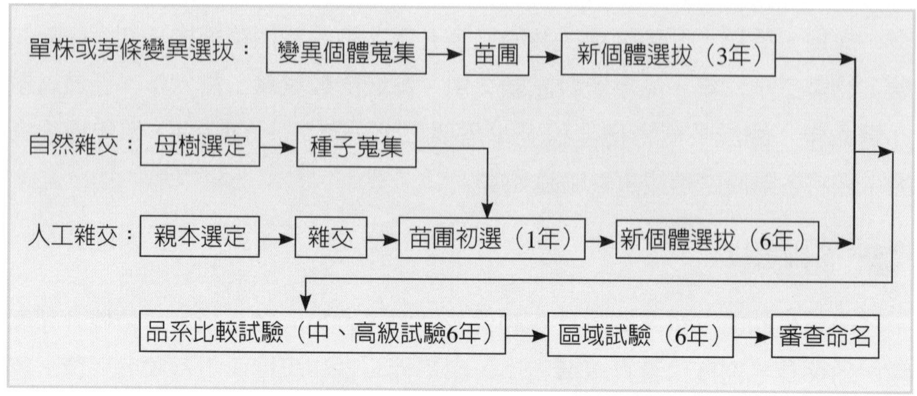

圖2-1　茶樹育種程序圖

資料來源：參考「茶業改良場場誌」整理修改。

以上為單株或芽條變異、自然雜交與人工雜交之育種程序圖（**圖2-1**），從材料蒐集到完成命名，所需時間至少需要二十一年以上始能完成，其中單株或芽條變異的選拔，雖能省去雜交與種子蒐集的時程，但也僅只能節省二至三年的時間，所以茶樹與果樹等木本植物的育種工作非常繁複，而且需要相當冗長的時間，尤其是著重香氣與滋味的茶樹，其育種選拔工作較之果樹類更加困難。

五、茶樹的繁殖方法

茶樹繁殖方法，可分為有性繁殖法（又稱種子繁殖法）與無性繁殖法（又稱營養繁殖法）兩種。

茶為多年生木本植物，且為常異交作物，採用種子繁殖，手續固然簡便，但其母樹特性不能固定，優良茶樹所結的種子常因變質變劣，無法保留母樹之優良特性；茶園茶樹品種性狀不一，生長參差，管理不便，茶

茶樹組織培養瓶苗（攝於日本靜岡縣茶業試驗所）

菁品性不一，影響製茶品質。種子繁殖法又可分直播法，與苗圃育苗法兩種，目前除育種材料外，經濟栽培已不再利用種子繁殖法，因此，本書不做詳細的介紹。這裏要請讀者特別注意，早期的茶業相關書籍，將使用種子播種實生栽培的茶園稱為「蒔茶」（或稱時茶），要注意的是，「蒔茶」並非單一品種的名稱。

多年生木本植物優良母樹的遺傳特性，可用無性的營養繁殖予以延續，使品種齊一，栽培管理方便，提早收穫年齡。無性繁殖法又可分為：分株法、壓條法、扦插法與嫁接法等不同的方法。組織培養苗雖為現代無性繁殖之重要方法，而木本植物如茶樹也已發展成功，但離實用階段尚有一段距離。

(一) 分株法

小葉種茶樹根際不定芽，萌芽性強，常成叢狀生長，幼齡茶樹可於秋冬季節分株移植。衰老茶園於冬季經**台刈**後，將根部劈為數塊移植之。上述方法目前均已無人使用。

台刈

所謂台刈，是衰老茶園恢復生長勢的一種修剪方法，也就是從茶樹基部6至9公分處截斷，促使重新長出新枝，恢復以往旺盛的生長力，以達成恢復樹勢所使用的一種茶樹修剪方法。

(二) 壓條法

將母樹之枝條環狀剝皮，然後壓入土中或培土，待其長出新根後予以剪下成為新個體苗木。此法在20世紀60年代之前，為最常用的茶樹繁殖方法。因需要大面積的母樹園，且工程繁複，採苗後影響母樹生育，需要二至三年的時間，始能恢復母樹園的茶菁生產，極不符合經濟原則。近年來，扦插苗的發展已完全成熟，壓條法功成身退，已不再被普遍使用。

(三) 扦插法

選擇優良的母樹園，採取當年生適合的枝條，作為插穗的材料。插穗成熟度以已木質化，芽點充實，表皮由綠色轉為紅褐色，但尚未裂開之枝條為佳。

一般小葉種的插穗，直徑以3至5公釐最適宜，剪成5至6公分長，保留最上端一片葉片，供光合作用之用，以促進萌芽、發根，其餘葉片不宜多留，應全部剪除，以平衡水量的吸收與蒸發。育苗方式以苗床、黑色塑膠袋或穴植盤扦插，為目前最方便、最常見與最普遍的繁殖方法。

扦插苗圃

扦插時期以每年冬至到立春，這段時間成活率最佳，但適逢冬季低溫期，應覆蓋透明塑膠布，以提高苗床溫度，通常溫度保持在20℃至25℃之間最適宜，以促進萌芽及發根。扦插初期宜加蓋60%至70%遮蔭網，減少日照量，防止插穗水分蒸散，提高成活率。

扦插後二至至個月，苗木已充分發根，視發育情形可酌予施用化學肥料作為追肥。如遇春雨或梅雨季節，雨水過多，應將塑膠布四周掀開，使其充分通風，避免苗木霉爛。清明節過後，溫度上升，塑膠布內溫度達35℃時，宜將兩端掀開，使空氣流通。溫度達40℃以上時，應將透明塑膠布全部掀除，維持70%遮蔭網，以免高溫傷害苗木。出苗前三至四個月除去遮蔭網，使茶苗適應自然環境，為移植本田做準備。此時，應特別注意苗圃灌水，防止土壤過分乾燥。苗木移植，以一年生苗木最佳。

(四) 嫁接法

嫁接後扦插之苗木

早期的茶樹嫁接，是以四至六年生茶園為砧木，約自離地20公分處截斷，以切接法接上接穗，利用接穗的優良特性來改良砧木茶樹園的品質。此方法繁瑣，茶樹經濟栽培採密植方式栽培，每公頃栽種一萬至一萬二千株苗木，因此實際使用嫁接方式繁殖的甚少。

筆者在茶業改良場任職期間，有感於青心烏龍優良品種，生長勢弱，不抗枝枯病，曾指示同仁篩選生長勢強的品種，如青心大冇、大葉烏龍、台茶12號、四季春……等根系旺盛，生長勢強的品種作為砧木，以觀察嫁接青心烏龍後的癒合情形、生長勢，以及抗枝枯病的情形，用以改善青心烏龍品種的缺點，惜在個人離開時尚未有結果。

筆者曾經在各種茶農講習會宣導此理念並與學員共同討論，鹿谷地區有茶農率先以台農12號為砧木，嫁接青心烏龍品種，目前已有許多此類嫁接苗木，在茶區銷售種植，初步觀察，移植第三年即已成園，成果極佳。惟嫁接結果對製茶品質、生長勢、抗病蟲害性狀等都可能有所影響，應加強這方面

青心烏龍嫁接台茶12號苗木種植1.5年（左圖）與2.5年（右圖）後田間生長情形

的試驗工作。

現代的茶樹嫁接繁殖，已經跳脫前面以四至六年生茶園為砧木的方式，採取嫁接與扦插同時進行的育苗方法，簡單方便，且能大量繁殖苗木，以供經濟栽培密植所需。嫁接苗與扦插苗比較，其價格雖略高，但尚在合理範圍，能為茶農所接受。

嫁接繁殖之育苗方法

依設定的嫁接組合，分別選擇砧木與接穗的優良母樹園，砧木作為扦插的材料，如上述扦插繁殖的方式處理待用。接穗同樣選取一年生直徑3至5公釐的健康枝條，剪成3至4公分長之接穗，上面留存一至二葉，下端切成斜面約10公釐左右，反面再斜切2至3公釐長，以切接方式進行嫁接。即將砧木由截斷面切開，插入接穗，使砧木與接穗之形成層密接，以膠帶纏繞固定，外加白色塑膠袋，防止水分蒸發。然後以一般扦插方法，進行扦插管理。成活率與嫁接技術純熟度有絕對的關係。

茶樹經濟栽培雖有數千年歷史，早期多以實生栽培為主要繁殖方法，其後發展出分株法與壓條法，但茶樹栽培每公頃栽培苗木數量龐大，大約需要一萬二千至一萬四千株左右，所以一般還是以種子播種為簡便；以台灣光復初期蒔茶面積尚占栽培品種的第四位為例，即可證明種子繁殖為當時最方便的方法。

最近二、三十年來，農業生產技術發展突飛猛進，促進發根的生長激素普遍使用，使得扦插繁殖成活率大為提升，故扦插法成為目前最普遍的繁殖方法。近年來為改善青心烏龍根系較弱之缺點，以青心烏龍品種為接穗，嫁接在青心大冇、台茶12號等根系較旺盛的砧木，再扦插至所培育的苗木，也在逐漸增加中，惟茶樹之兒茶素是在根部形成，然後轉移到莖葉，嫁接苗茶菁對茶葉品質的影響則有待評估。

青心烏龍嫁接台茶12號茶菁比較（圖左為對照組）

茶樹栽培管理（一）

關於茶樹的栽培與管理

世界上高品質茶葉大多產自高海拔地區，台灣高山茶產自中南部海拔1,000至1,500公尺的山區，香氣特濃、滋味甘醇，廣為世界各國的愛茶人士所喜愛。

茶樹的生長深受地勢、氣候以及土壤等自然環境所影響，因而對於茶業從業人員來說，了解環境以及如何利用與控制環境，是一項重要的課題。地勢以海拔高度、茶園的傾斜度與方向等條件，對茶樹生長與茶菁品質產生密切的影響。影響茶樹栽培的氣候條件則有溫度、雨量與溼度、日光及空氣等。由於茶樹為嗜酸性作物，因此也須注意土壤的pH值、鈣含量及排水狀況等天然條件。

一、自然環境的影響

茶之原產地為東南亞洲季風氣候區，自印度阿薩姆，中南半島緬甸、泰國、寮國、越南等國北部，中國之雲南、廣西、廣東，直到台灣，此區域不論氣候、雨量與土質，都極適宜茶樹之自然生長與繁殖，也是世界上最主要的茶產區。

茶樹之生長受地勢、氣候以及土壤等自然環境的影響極大，茶業從業人員對於環境的了解，以及如何利用與控制環境，是一項重要的課題。

(一) 地勢

茶樹對地勢條件的適應性極強，原無嚴格的限制與選擇，但海拔高度、茶園的傾斜度與方向等，對茶樹生長與茶菁品質的影響關係密切，宜加以重視。

世界上高品質茶葉大多產自高海拔地區，乃不爭的事實，如印度大吉嶺海拔3,600公尺，生產高級紅茶。錫蘭Nuwara Eliya（有「錫蘭茶裡的香檳」之稱）、New Galway、Dimbula（屬高價錫蘭茶之一）等地海拔都在1,200至2,000公尺之間，生產高級香茶。中國的安徽六安齊雲山、立煌縣（今之金寨縣）之觀霧突、霍山之銅鑼寨、祁門之歷山、安徽黃山、四川岷山等等都在1,200至1,500公尺以上之高峰，所產的茶特別優良。台灣高山茶也產自中南部海拔1,000至1,500公尺的山區，香氣特濃，滋味甘醇。世界各國的愛茶人士，咸認茶葉產地的海拔高度，影響茶葉的品質，可作為茶葉價格高低之參考指標。

高海拔地區所生產的茶葉品質較優

高海拔所產茶葉品質較優的主要因素為：

1. 高海拔地區，層峰延綿林木陰鬱，茶樹常年生長於雲霧瀰漫的山區，日照稍遲，氣壓較低，日夜溫差大，溼度較高，茶樹之光合作用循序進行，茶芽能保持柔嫩狀態，促成茶葉中芳香族類物質的累積，使茶葉滋味芳香雋永，醇厚而不苦澀。
2. 低海拔地區，日光照射時間較長，光合作用強盛，蒸發量大，葉片容易纖維化變硬，使滋味苦澀。高海拔地區日光中的紫外線較低海拔為多，紫外線可增進茶湯顏色與香氣。
3. 高海拔地區，大多屬山坡地，排水良好，不似平地茶園容易潦積，且通風良好，茶樹生育良好，葉片較為柔軟，不易老化，易得品質優良的茶菁。依據山坡地保育利用條例規定：山坡地之坡度在55%（即仰角28°）以下劃歸為農牧用地，以上歸為林業用地；換言之，超過仰角28° 以上的山坡地，嚴禁開闢為茶園，種植茶樹；28° 以下的坡地茶園，務必先做好水土保持，以防止土壤沖蝕。
4. 茶園的方向：茶性喜溫暖濕潤氣候，坡面以向南或東南方為佳，其優點為避免冬季猛烈的北風摧殘，可充分接受陽光的照射。河川湖泊附近相對溼度大、霧氣較重，茶樹生長茂盛品質優良，因此又以面向水域的地方為佳。

茶園開發坡度不得超過55%

(二) 氣候

影響茶樹栽培的重要氣候條件，包括溫度、雨量與溼度、日光，以及空氣等。

溫度

茶樹為常綠闊葉樹，略帶陰性作物，喜溫暖潮濕的氣候，北至北緯38

度，南至南緯30度的範圍內均有栽培。據日本統計資料：年平均溫度在5.2℃以下即無茶樹生長；10℃至12.6℃雖可生育，但生長不良；13.8℃至15.5℃生育頗佳，品質最好；16℃至22℃產量最豐；一年中有超過40℃與低於0℃以下之溫度，茶樹即生長不良。茶樹的抗寒性較一般作物為弱，遇溫度低於1.5℃之低溫一小時以上，其茶芽即產生嚴重的凍傷。

茶樹栽培的理想溫度為14℃至22℃之間，在溫度較低或日夜溫差較大地區，雖茶芽伸展緩慢，但品質優良。因此，在熱帶、亞熱帶地區，以海拔較高、較冷涼、日夜溫差大的地方所產的茶品質較佳。每年3、4月間春茶萌芽以後，夜間溫度常驟然下降結霜，造成凍害。此時應特別注意氣象報告，並依自己的經驗判斷，在可能下霜的夜晚，採取噴灌法、燻煙法、覆蓋法等預防措施，減少輻射熱揮散，以降低霜害程度。

雨量與溼度

茶樹性喜濕潤，大氣與土壤中富含水分，溼度較高的區域，都適於茶樹的生長。世界產茶區域均瀕臨河海，水氣蒸騰，朝霧濃重之處，其濕度常呈飽和狀態。年平均雨量在1,800至3,000公釐之間，且分布均勻，溼度維持在75%至80%之地區，較適宜茶樹生長。換言之，茶樹需要量多而分布適當的雨量；另外，平均雨量在1,500公釐以下之地區，多不適宜茶樹生長。

春季生育旺盛，夏季蒸發量大，都需要大量的水分。降雨量如能集中於每季茶菁大量採摘前，且於製茶期間少雨，即能提高茶葉品質，並有利於製茶工作。若夏季發生旱災，高溫乾燥久旱不雨，茶園溼度已降至凋萎係數以下，茶樹開始發生枯萎現象時，應採取適當的防旱措施，如敷蓋或淺耕形成土壤覆蓋，以減少地表土壤毛管水分蒸發，以及拔除雜草以免與茶樹競爭水分等措施。如水源充足有灌溉設施，則可給予噴灌、滴灌等措施，補充水分以減輕旱害。

茶樹為喜高溫、高濕與耐陰的作物

陽光

茶樹是利用芽葉的作物，陽光強弱、日照時數等，對茶葉生長速度、葉片濃綠、內含成分量之多寡、品質優劣，均有密切的影響。

日照長、光度強，芽葉伸展迅速，茶中單寧酸增加，所產的茶菁適宜製造紅茶；反之，日照短、光度弱，可抑制茶葉中纖維組織之發育，葉質較薄而柔軟，不易硬化，且單寧含量少，適製綠茶。日本茶中頂級的玉露茶，即是加以適度的覆蔽處理，以減少日光照射所生產的茶菁製成。

風勢

地球表面溫度的高低，造成空氣中氣壓的不同，高氣壓地方的空氣向低氣壓地方流動形成風。風吹動的方向，決定雨量的多寡。

一般迎風面多雨，背風面乾燥，甚至常發生焚風，不利於茶樹生長或會造成傷害。微風能幫助茶樹葉面蒸發，有助於樹體養分之運行，促進茶樹發育。台灣每年5至11月間之夏秋季節多颱風，狂風暴雨，常損枝折幹，土壤沖蝕流失，甚至造成土石流，整片茶園崩塌，對茶樹造成極大的傷害。

(三) 土壤

茶為嗜酸性作物，土壤pH值以介於4.5至5.5間最適宜。台灣茶園土壤多構成自砂岩、頁岩、砂質頁岩等第三紀層土壤，其土壤性質表層深厚，排水良好，pH值呈強酸性反應，且富含植物生育之有效養分，極適宜茶樹生長，生產茶菁能製造品質優良的茶葉。

茶樹喜歡酸性土壤，且為嫌鈣型作物，依據研究報告顯示，土壤中交換性鈣含量若超過1,440ppm時，就會使茶樹產生生理障礙，妨礙正常生長，因此茶樹一般栽植於含鈣量低的酸性土

茶為嗜酸性作物，土壤pH值以4.5至5.5為佳

壤。pH值低之土壤也有助於促使茶樹增進香氣的鋁，以及降低苦澀味的錳，充分而有效的被茶樹吸收。

2000年在台灣茶樹發展與推廣研討會上，曾有茶農提出：「在新闢茶園中，有一處直徑約3至4公尺的土地，不知何種原因，茶樹栽種後多次補植都無法成活。」筆者反問：「前作種何作物？」「是竹林。」讓我連想到土壤含鈣與pH值過高的問題，反問：「你們是否在該處焚燒竹子枝葉？」該農友嚇一大跳問我：「您怎知道？」這是茶樹不適宜高鈣、高pH值土壤的最好例證。另外，在埔心茶業改良場附近，有一家神壇，常把大量的爐灰運到茶園，施放在茶樹底下當肥料，使整片茶樹都枯死。南投縣名間鄉過去種植許多洋菇，洋菇堆肥製作必須填加生石灰，這些堆肥翻堆基地，石灰殘留量極多，pH值普遍提高，改種茶樹後成活率都顯著降低。

以上的例子都可證明，茶樹對土壤鈣含量與pH值的反應非常敏感，茶園耕種時應特別注意。過去在茶樹栽培資料中，常建議新植茶園在植溝中施用苦土石灰，以改善土壤的酸度，除非經過研究單位化驗，確實有施用石灰改善土壤性質之必要，否則切勿自行貿然施用含鈣物質，以免反而妨礙茶樹正常生育。

二、茶樹的品種

茶為多年生常綠木本植物

茶樹為多年生常綠木本植物，學者對茶樹品種分類，看法不盡相同，一般有大葉種與小葉種之分，大葉種屬喬木型，小葉種則為灌木型。野生茶樹多為小喬木或喬木，高可達6至7公尺以上。現代經濟栽培茶樹，為栽培管理方便，多以成行栽培矮化處理。一般大葉的阿薩姆系列品種，適宜製作紅茶，小葉的中國茶系列品種，適宜作包種茶和綠茶。但這不是絕對的分法，如佛手、水仙等雖屬大葉品種，亦為製造包種茶的好材料。小葉品種製作紅茶也有好成績。台灣野生山茶屬於大葉品種，過去認為有特殊的狐狸味道，不宜製茶飲用，惟新品種台茶18號之父本，即為台灣野生茶樹，此品種之育成已打破台灣野生茶不能喝的迷思。

茶樹的莖、葉、花都是品種特徵

世界產茶國家，對於經濟栽培的茶樹品種，依各自的目標，發展不同的需求特性，如日本以製造蒸菁綠茶的品種為主，印度以製造紅茶的品種為主，台灣則以製造包種茶的品種為主。台灣目前所蒐集到的茶葉品種（系），包括地方品種、國外引種，以及國內試驗研究單位選育品種，總計約有一百一十個品種（系），只是實際上真正利用為茶菁材料者並不多。

茶樹品種之鑑別，除試驗場所育成之品種有親本系統紀錄可查者外，一般地方品種之鑑別要點如下：

1. 樹形大小、枝條之軟硬粗細、分布之疏密、展開狀況與節間之長短。
2. 葉片形狀、大小、厚薄、色澤、軟硬，及葉緣鋸齒深淺、銳鈍、粗細等。
3. 葉脈明暗、主側脈所成角度，及側脈之彎曲度與對數。
4. 枝與幹、葉與枝所成的角度。
5. 芽之大小、肥瘦、芽葉色澤、芽的著生部位、萌芽時期與芽葉伸長快慢。
6. 開花遲早，花萼與花瓣的數目與形狀。
7. 花柱之分叉點、分開度及彎曲狀態。
8. 種子形狀、大小與色澤。
9. 抗寒、抗旱、耐陰，以及抗病蟲害等特性。

茲將台灣重要的茶樹品種（系），如日本統治時期所選的四大名種、茶業改良場育成命名的品種，或是地方品種等目前栽培較廣的品種特性酌予介紹如次：

(一) 青心烏龍

青心烏龍

青心烏龍北部稱**種籽（仔）茶**，中南部稱**青心烏龍**或**軟枝烏龍**，又稱**玉叢**。屬晚生、小葉種，枝條開張形，分枝多而密生；幼芽紫色；葉片形狀介於長橢圓形與披針形之間，肉質稍厚，柔軟富彈性，呈濃綠色，具光澤；葉全緣上部有小鋸齒；葉脈色淡，有明顯凹陷，主脈與側脈間夾角小，僅約35至45度左右。適宜製造部分發酵茶類，所製的包種茶、烏龍茶品質優異，為台式烏龍茶之最佳品種，全島均有栽培，目前栽培面積有10,000公頃左右，約為全台栽培面積的一半。

不抗枝枯病、不適宜機械採收是青心烏龍茶的缺點，但也因為生長勢弱不抗枝枯病等缺點，栽培不易，故台商帶到中國大陸與東南亞地區栽培，不易成功，進而減少對台茶的競爭與衝擊。

(二) 青心大冇

青心大冇俗稱**大冇種**，屬中生、小葉種。樹形中等稍橫張形。葉長橢圓形，葉基鈍，葉片中央部位最寬，先端凹入，呈暗綠色；葉基部全緣，上部有小鋸齒較鈍，葉肉稍厚帶硬；主脈粗而明顯，側脈較不明顯，延主脈向內彎呈半圓形；主側脈間呈55至65度角；幼芽肥大、密生茸毛，呈紫紅色。樹勢強、產量高，適製性廣。桃竹苗為其主要產地，是製造台灣烏龍茶（椪風茶）的最佳品種。

(三) 大葉烏龍

大葉烏龍俗稱**烏龍種**，屬早生、小葉種。樹形高大、直立形、枝條粗、枝葉稍少；葉形長橢圓形，葉基與尖端對折，大約對稱；葉肉厚，呈暗綠色；幼芽呈淡紅色，稍肥大，具白毫；主側脈間呈65至75度角，色澤稍淡，不如青心烏龍明顯；樹勢強，新植成活率高、生長迅速、收穫量中等。以台北縣文山、石門為主要產地。

(四) 硬枝紅心

硬枝紅心又稱**大廣紅心**，屬中生、小葉種。樹形稍大、枝葉稍疏，葉形較青心烏龍稍大，呈橢圓狀披針形；葉緣鋸齒銳利、大小不一；芽葉呈紫紅色，肉稍厚、質硬而帶光澤；幼芽肥大、密生茸毛，亦呈紫紅色；主側脈間呈65至80度角，樹勢強健，雖瘠地生長亦佳；萌芽期長，惟枝葉疏生、萌芽數少，收量中等，適用於製作部分發酵茶。以台北石門為主要產地，製成石門鐵觀音。

硬枝紅心

(五) 黃柑

黃柑別名**白心**、**白葉**。樹形中等、枝葉密生，葉片先端較鈍，基部狹窄，呈倒卵形，反轉度小、內折度大，似柑桔葉；主脈成半圓形彎曲，表面隆起且褪色，側脈易判明，主側脈間約呈60度角；幼芽密生白毫，芽色偏黃、開花較多。早期大量分布在桃竹苗地區，適合用於製造紅茶，近年來因外銷紅茶數量衰退，栽培面積銳減，僅有少數地區的茶農栽種。

(六) 鐵觀音

鐵觀音屬於晚生種，樹形稍大、枝條肥大，枝葉著生數少。葉橢圓形，葉面開展、富光澤、葉肉厚；葉緣鋸齒稍大，略鈍；中央部位以下轉呈大波浪狀，為此品種的特徵；中脈色淡而明顯，主側脈成70至80度角，側脈七至九對，其間葉肉隆起呈皺紋狀，幼芽稍帶紅色、收量低。原產於福建泉州府安溪縣，台北木柵為主要產地，製造木柵鐵觀音，聞名全台。

(七) 四季春

四季春為地方品種，可能有許多同名異種的不同品系。目前南投縣名間茶區所栽培的四季春品種，屬早生種。萌芽期早，幼芽淡紫紅色，具茸毛。葉紡錘形，兩端尖銳，葉淡綠色、略有光澤、葉肉厚、葉緣鋸齒細而尖；生長勢強，抗旱性中等，產量豐，適用於製作包種茶類。

四季春

據說由木柵茶農在其茶園中發現的單株變異，樹形中等橫張，枝條與茶芽均屬密生，枝幹下位極易萌發潛伏芽或不定芽。

(八) 台茶12號

台茶12號又名**金萱**。母本為台農8號 × 父本為硬枝紅心，於1938年日據時期，由平鎮茶業試驗支所雜交之實生苗後裔所選拔出來，直至1981年甫正式命名。

台茶12號育種代號為「台農試2027」品系，因此農民與消費者在習慣上常稱之為「27仔」。屬中生種，樹形橫張；葉橢圓、肉厚、色濃綠而富光澤；葉脈略細，主脈與側脈角度大；葉緣鋸齒略粗而鈍；幼芽綠中帶紫、富茸毛；樹勢強，芽密度高，採摘期長、產量高。抗枝枯病，適製部分發酵茶。金萱茶茶湯自身帶有天然、淡淡的牛奶香味，尤其是五至十年生茶樹所採的茶菁，製造的茶葉乳香更為濃厚。

台茶12號（金萱）

(九) 台茶13號

台茶13號（翠玉）

台茶12號又名翠玉。母本為硬枝紅心 x 父本為台農80號，與台茶12號同期雜交選拔命名。育種代號為「台農試2029」品系，農民及消費者在習慣上將之稱為「29仔」。屬中生種，樹形較直立；芽色稍紫，芽之密度較低，樹勢與產量均略遜於台茶12號。適製部分發酵茶。

(十) 台茶18號

台茶18號

台茶18號母本為自緬甸引進大葉種茶籽之實生苗B-729 x 父本為台灣野生茶樹實生苗B-607。由茶改場魚池分場前身「農業試驗所魚池紅茶試驗分所」於1946至1959年，人工雜交後裔所選出，原品系代號為「B-40-58」。1999年初提出命名申請，並經台灣省政府農林廳初審通過。筆者於該年3月1日接任台灣省茶業改良場場長，於6月12日巡視該分場，當時分場特別提出報告：「農林廳以6月底即將凍省趕辦不及為由，不願繼續辦理複審作業。」筆者認為既已初審通過，複審不辦實為可惜，經努力協調農林廳，於6月底前完成，正式命名為「台茶18號」。

本品種屬喬木型大葉早生種茶樹，適製紅茶。幼嫩芽葉淡黃綠帶紫色、無茸毛，葉片橢圓形、濃綠略帶紫色；萌芽期早、不易纖維化為其特質；扦插及移植成活力均高，茶菁單位面積產量高，適於機械採收；成茶外型無白

毫，具特殊香氣，加奶沖泡調成乳製品時，仍能保持原有之香氣，其品質冠於目前台灣所栽培的其他大葉種茶樹。

(十一) 阿薩姆茶樹

阿薩姆茶樹學名Thea Assamica Mast，於1920年由日本三井物產株式會社首先引進台灣；1925年台灣總督府再由印度引種試種，並於南投縣魚池、埔里等地，獎勵農民種植，拓展外銷。樹態喬木，高可達4至5公尺，枝條疏生、葉大，一般長15至30公分，葉質軟薄、色深綠。適用於製作全發酵的紅茶。目前台灣栽培有下列各品種（系）：Msnipuri、Jaipuri、Kyany、Indigenous、Shan、Burma等。

(十二) 蒔茶

早期先民由唐山過台灣，帶來茶樹種子，直接播種栽植，稱為**蒔茶**，又稱「時茶」，也就是以種子播種的實生苗。

蒔茶

據戰後調查，當時蒔茶在台北、桃園等地之栽培面積，占全島之第四位，惟目前絕大部分已遭淘汰，僅屏東縣滿洲鄉港口村尚保留數公頃上百年的蒔茶園，是台灣重要的茶樹種原基因庫，筆者在茶改場場長任內即建議政府，應該重視此一寶藏，編列經費預算作為種原保存園，供育種選種的材料寶庫。可惜台灣凍省，接著政黨輪替，筆者離開茶業改良場後即無下文，政府再不重視，將使這些寶貴的遺傳資源快速的消失，極為可惜。

(十三) 台灣山茶

台灣山茶一般俗稱**山茶**，野生於台灣中南部，如南投縣鹿谷鄉之鳳凰山、嘉義縣番路鄉之隙頂山，以及高雄縣旗山與美濃之山地。

山茶樹勢發育旺盛，為小喬木，樹幹直徑達10公分以上，有單株生長與多株成叢兩種不同型態；多株成叢者外觀型態類似油茶樹；葉一般為橢圓狀披針形或長橢圓形，基部稍鈍全緣，上部有鋸齒，齒尖而略向下彎曲，緣邊呈波浪狀，先端收縮，頂端略為凹入；主脈色淡而明顯，側脈有十至十五對隆起，排列整齊；主側脈成60至70度角；葉色濃綠，幼芽缺纖毛、嫩芽嫩葉帶黃綠色為其特徵。

(十四) 赤芽山茶

赤芽山茶野生於南投縣魚池鄉蓮華池附近之山林中，其海拔分布似較台灣山茶略高，屬喬木型，樹幹直徑30公分以上，高可達6公尺以上。葉長橢圓形，先端狹窄、葉肉厚，葉緣有鋸齒，齒尖向下彎，葉面平展極富光澤，上有皺紋，葉下亦富光澤，嫩芽嫩葉之色澤紅得發紫，故稱赤芽，與台灣山茶之帶黃綠色迥異。葉脈自表面凹入，為其特徵，主側脈間成60至80度角，花果幾與油茶相似。

三、茶園的開闢

在20世紀70年代以前，延續日本在台時期，旱地以大安溪為界的南糖北茶形式，茶的主要產地仍在桃竹苗以北的丘陵台地，由茶農生產茶菁，大型製茶工廠收購製造外銷，以外銷為主，內銷為輔，分工合作，各蒙其利。70年代以後，台灣產業逐漸由農業轉為工商業，農村勞力向都市集中，同時，農業生產成本亦相對提高，台灣茶無法與外國的低價茶競爭，遂轉向內銷發展，至1981年內銷量已超過外銷量。另一方面，由於工商業發達的結果，國民所得與購買力相對提高，國人有能力購買高價位的茶葉，使得台灣茶葉能夠順利由外銷成功轉型為內銷。

茶葉在外銷茶方面，以綠茶和紅茶為主，其產地為北部低海拔丘陵地區；內銷茶則以高價位的部分發酵茶，包種茶與烏龍茶為主，其中最重要品種為青心烏龍。該品種較適宜冷涼氣候，所以茶葉的生產，逐漸由北部遷移到中南部的高海拔山區，而在北部地區的茶園，也逐漸往山區發展。因而對於山坡地茶園的開闢，其首要的工作就是做好水土保持。

1999年台灣發生九二一大地震，土石鬆動，翌年又發生桃芝颱風，單日的降雨量達數百公釐，各地發生嚴重的土石流。不久，當時農委會主委在台中梨山，譴責土石流的發生是由於高山蔬菜與茶葉所造成，間接地武斷傷害了茶農，實際上那次颱風嚴重的土石流，最主要的原因是地震引起土石鬆動，接連再遇颱風豪雨所造成，屬於自然現象。筆者當時任職於茶業改良場，曾撰寫〈茶樹不是造成土石流的元兇〉一文，發表於《自由時報》。撰文重點即為，土石流常是自然現象。茶樹是木本植物，主根與側根發達，可深入深層土壤中，有利於水土保持；而經濟栽培茶樹，植株密植矮化的結果，常被誤認進而被歸類為短期淺根作物，而將之與高山蔬菜並列為有礙水土保持作物。坡地茶園大部分為合法經營，建議政府應予以有效輔導；對於違規超限使用的農業經營者，農政單位應嚴予取締，不要一竿子打翻整條船。筆者該文曾獲得廣大讀者的回應，並經多家農業雜誌轉載，許多茶農特別予以影印隨身攜帶，做為被人質疑時的最有效說明。

依規定坡度超過55%以上的山坡地，列為宜林地，不得作為農牧經營使用，否則將嚴重影響國土安全，颱風豪雨造成土石流的機會大增，山坡地不宜過度開發。坡度在55%以下的合法山坡地開發，也必須事先向地方政府申請，做好水土保持設施，才能開發種植，對於這點政府應該嚴加取締，如此一來，合法使用農地者方能獲得應有的保障。

茶園開發嚴禁超限利用

台灣農業經營型態屬於小農經營，每一個農戶耕作面積約1公頃左右，茶園水土保持在合法合理範圍內，應盡可能採區域性、整體性的規劃原則，才能有效達成水土保持目標與改善經營環境的目的。以下為山坡地水土保持的兩種方法：

(一) 工程法

工程法包括構築平台階段與山邊溝等園區處理；並配合園內道路與作業道規劃，山邊溝可兼做田間作業道路；草溝與小型涵管等安全排水；以及蓄水與灌溉設施之建立。以減短坡長，抑制地表逕流，防止土壤沖蝕，適應坡地耕作之需，達成土地安全利用之目標。

平台階段設置之目的有二：

1. 抑制逕流，防止地表土壤沖刷。
2. 順應坡地耕作需要，達成安全土地利用。可分為水平式、內斜式、外斜式三種，構築平台階段，必須配合設置排水系統，以有效的抑制逕流，達到水土保持的目標。

平台階段式茶園

山邊溝是在坡面上每隔一段適當距離，沿等高線方向所構築的三角形淺溝。其目的有二：

1. 減短坡長分段截止逕流，以防止土壤沖蝕，達到水土保持的效益。
2. 提供田間作業道路，方便坡地作物栽培管理。山邊溝配合草帶法（一種簡易、省工、具經濟效益的水土保持方法）及平台階段等設施，可適應較陡的坡地農業耕作。

(二) 農藝及植生法

農藝及植生法包括等高（線）耕作、山邊溝植草、台壁植草、草帶法、覆蓋作物、敷蓋、綠肥及坡地防風等設施。

新開闢茶園整地時應特別注意前面所言，砍伐下來的殘枝樹幹，切勿集中在園內焚燒。否則，燒過基地所殘存的高鹼性草木灰，將嚴重影響茶樹生育，甚至於數年內所種植茶樹都難以成活。據筆者田間觀察，一大片茶園中常有一、二處直徑5至6公尺的地方，茶樹稀稀落落，經詢問茶農結果，八九不離十，就是開園時焚燒過基地沒錯。這種情形以前作為竹林的情況最為常見。

間作物黃花羽扇豆

種植溝之開挖

不論是平地或完成水土保持設施之山坡地，整地後之首要工作為開挖種植溝。

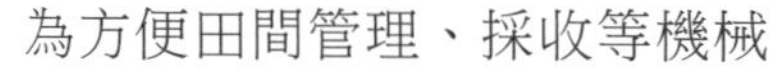

為方便田間管理、採收等機械作業，現代茶園行距以採1.5至1.8公尺、行長30至50公尺設計為宜，且行長不宜超過50公尺，否則將影響資材與茶菁等的搬運，工作時會十分不便。

一般種植溝採南北向為原則，使茶樹接受日光均衡。惟配合坡地水土保持時，則改採與坡向垂直，以防土壤沖蝕。植溝深40至50公分、寬約30至40公分。先將腐熟堆肥施於溝內作為基肥，上覆一層表土，為預防堆肥未完全腐熟，繼續發酵，產生熱量，造成茶苗枯死，宜經15至20天後再行種植較為安全。若確認堆肥已完熟或不施用基肥時，則以隨挖隨種較為適宜。

四、茶樹種植

茶為多年生木本植物，屬長期栽培作物，過去經濟栽培年限長達三十至四十年。近年來，國內採密植矮化處理的栽培管理方式，仍有二十年以上的經濟年限。種植茶樹初期投入較多，且在三至四年後始能成園，資金回收相對較其他作物為晚。因此，茶樹在種植前需有妥善的規劃與評估。

配合機採行株距宜採寬行密植

茶樹的種植除應考慮自然環境的氣候、土壤與選擇適當的栽培品種外，尚有三項要點須加以注意。

(一) 種植適期

台灣四面環海，幅員雖然不大，但地形狹長，受到中央山脈的影響，南北氣候有明顯的差異。以大安溪為界，北部為東北季風型氣候，冬季多雨；中南部屬於西南季風型氣候，夏季多雨，南北天氣型態完全不同。植物移植最適期為冬季休眠期，一般在冬至前後到立春之間。這段時間正好北部仍在冬雨季節，中南部地區春雨亦將開始，是最適合茶樹種植的季節。

中南部地區包括台東，應在立春前後完成種植，以免開春後氣溫升高，影響茶樹成活率。北部與高海拔地區氣溫較低，可延至3月底前種植。若選擇用穴植苗，茶園又有充分的水源與灌溉設施，隨時注意幼木時期的茶園土壤溼度，理論上任何時期均可種植，但仍應注意颱風豪雨、夏季高溫與秋季乾旱的問題。

(二) 種植距離

為便於機械化栽培管理，現代茶樹種植多採寬行密植，行距1.5至1.8公尺，株距0.4至0.5公尺，每公頃種植一萬二千株至一萬四千株左右。但在實際作業上，可依品種、地形、氣候等因素酌予調整。如大葉種與橫張性品種行株距可放寬10至20公分。坡地以等高耕作方式栽植，行距1.5公尺，平坦茶園可用1.8公尺寬行。氣候冷涼生長緩慢的區域種植可稍密；溫暖地區生長勢強，應略為疏植。

等高線種植是坡地茶園常用的方式

(三) 種植方法

種植天氣最好選擇下雨過後，土壤濕潤時為佳，儘量避免大晴天種植，以減少苗木乾枯。如選在晴朗的天氣種植，園地必須先行充分灌水。苗木依預設株距置入種植溝以後，分數次填土，並充分壓實踏緊，使土壤與根部密合，再覆蓋一層鬆軟的薄土，以阻斷土壤毛管水的蒸發。並於幼苗兩旁以稻草、乾草或黑色塑膠布覆蓋，保持畦間土壤水分溫潤。

茶樹種植深度，將根際以上3至5公分莖部植入土中的成活率最高；淺植或根部裸露，均會顯著影響其成活率。苗木於固定後，自離地20公分左右剪去主幹，以減少葉部蒸散，提高苗木的成活率。穴植苗植入填土時，儘量勿使原植缽苗土破碎，將填入的土壤壓實固定即可，並注意灌水，以免缽土水分反被附近土壤吸收。

五、幼木茶園管理

茶樹定植後，須經三至五年始能成園採收，幼木期可利用茶園空隙，間作綠肥或其他經濟作物，不但可以防止雜草繁茂，並可保護茶樹幼苗，增加土壤有機物，間作經濟作物也會有相當之收益，可以彌補這段期間茶園的收益。對於幼木期茶園管理，與一般成園管理略有不同，僅略述如次。

(一) 第一年的管理

茶苗定植後，根部尚未充分發育，對於水分與養分之吸收能力薄弱。此時樹體組織也尚未發育健全，使水分之運行與蒸發不均衡，對雜草、旱害及病蟲害的抵抗力均弱。若管理疏失，易使植株發育遲緩，缺株嚴重，甚至延緩收穫期。因此，第一年管理主要為防止災害，減少死

茶園覆蓋落花生殼

亡率，注意肥培管理，促進幼木發育健全。

移植後第一年，難免有幼苗枯死缺株的現象，需加以補植，成木茶園補植較為困難，所以缺株須於三年內予以補齊。另外，茶樹有連作障礙，補植時應重新挖掘植穴，將舊土移開客入新土，或挖開後曝曬一段時間，使土壤風化與消毒，再行種植，可提高成活率。補植初期應注意灌水，根部附近酌予敷蓋以保持水分。

幼木茶園易滋生雜草，不但與茶樹爭奪土壤中的水分與養分，而且占據空間，阻礙日光照射，引發病蟲害，影響茶樹生育，嚴重時甚至枯死。幼木期間園內空隙多，雜草特別容易滋生，因此每年中耕除草至少要四至五次，尤其是雨季雜草快速成長，更應勤耕，夏秋之際陽光照射劇烈，中耕過後，使表層土壤毛細管破壞，可減少土中水分蒸發。

台灣夏季颱風豪雨頻繁，茶樹種植於畦溝內，極易被沖蝕的土壤所埋沒，影響茶樹生育，颱風豪雨過後，應巡視茶園，將淤泥細心移除，切勿傷及幼苗。受到沖蝕土壤流失部分應予以培土扶正。積水之地則應設法排除，以避免積水浸泡根部腐爛枯死。

苗木成活以後，根部尚未充分發達，對養分吸收力薄弱，為促進茶樹發育，宜酌施追肥。每公頃氮素施用量約為40至45公斤左右，為有效利用與減少流失，應採合理化施肥原則，以少量多次施用為宜，與中耕除草同時進行，不但可以節省工資，也可使肥料耕入土中，減少揮發與流失。

(二) 第二年的管理

定植後第二年，茶樹生長已達相當程度，對於病蟲害與旱害的抵抗力也加強許多。此時，除繼續加強中耕除草與肥培管理外，適時摘心，合理的增加分枝，養成良好的樹型為首要的工作。

加強病蟲害防治

繼續注意中耕除草及肥培管理，次數和方法如第一年，惟施肥量應酌予增加30%至40%。茶樹生長良好時，第二年夏季株高可達40至50公分，生長旺盛，有些「徒長枝」應適時的予以摘心，以促進側枝發生，保持樹勢生長均勻。秋茶期間視生育狀況，以不妨礙茶樹生育為原則，再酌予摘心。茶季結束時，於離地面40公分左右處剪定之，以促進側枝發育，培育良好樹型。

加強肥培管理

台灣旱作常受台灣大蟋蟀的危害，茶樹種植第一、二年，應特別注意該蟲的防除工作，以免茶樹受害阻礙苗木發育，甚至枯死。其他病蟲害的防治亦應加強，好的開始是成功的一半，幼木時期培養良好的健康茶園，將來栽培管理工作會較為方便。

(三) 第三年以後的管理

第三年樹高已超過50公分，生長迅速，有少量茶菁可以採收，但切忌過度採摘，以避免影響樹勢發育。在茶季結束後，仍應自上一年剪定的位置，再提高約10至15公分處加以剪定，每年都應繼續比照施行，以促進側枝伸展，建立定型的採摘面，直至第六年。每年都應加強病蟲害防治、中耕除草以及肥培管理等工作，茶樹逐年增長，施肥量亦應按年酌予增加，自第七年起樹勢已定，田間管理工作即可開始按照成木茶園的管理方式進行。茶樹栽培的田間管理工作則於下一章為讀者詳加介紹。

茶樹栽培管理（二）

關於茶樹栽培的田間管理工作

中耕除草是茶園栽培管理的重要工作，其功用有改良土壤的理化性質，防止病蟲害發生以及促進茶樹生長增加茶菁產量等；而茶樹生長時所需要的各種營養元素，均扮演著不同的角色，如幫助提高製茶的品質、增進茶湯滋味與色澤、促使茶葉香氣濃郁等，因而茶園施肥的工作不可輕忽。

台灣早期的農業南糖北茶，茶樹與甘蔗一向被視為看天田的耐旱作物，再加上台灣地處亞熱帶，茶樹幾乎全年可以生長，故不論是茶園敷蓋與植生，或是茶園的灌溉與茶樹修剪，均應做好良好的管理，在農民有利可圖，政府大力補助的情況下，讓台灣茶深耕、發展。

一、茶園中耕除草

茶園雜草叢生，將與茶樹爭奪水分與養分，成為病蟲害發生的溫床，影響茶樹發育，妨礙茶園管理與採摘工作至鉅。所以，中耕除草是茶園栽培管理的重要工作，其功用有改良土壤的理化性質、防止病蟲害發生，以及促進茶樹生長、增加茶菁產量等；中耕除草應考慮的問題如後。

(一) 中耕除草須於四時進行

茶園耕耘分春耕、夏耕、秋耕與冬耕四次進行。春耕在2月初立春前後實施，約春茶採收前30至40天，深度約8至10公分，將冬季翻開的土壤回填，以及冬季綠肥埋入土中，並將畦土整平，以利田間作業。5月間春茶採收後立即夏耕，深度5至8公分，疏鬆土壤，切斷土壤毛管，減少水分蒸發。8月間夏茶採摘後秋耕，深度3至5公分，將土壤培向根際，防止冬季寒害。在12月間茶季結束後，進行冬季深耕，深度20公分，將底土翻犁，切斷舊根，使土壤風化，促進新根發生。

中耕除草作業情形

(二) 適時與選擇性除草

由於雜草的種類繁多，且並非所有雜草都全然無益，有害的雜草固然要拔除，無害與有益的雜草，則可以保留至適當時期，再耕入土中，作為有機質肥料，並可達到覆蓋作用，減少有害雜草繁衍。

另外，應適時除草，一、二年生雜草，最好於開花前予以剷除，因雜草開花過後，數日間種子就會成熟，一旦飛散或掉落，翌年繁衍更盛。

(三) 耕鋤的時間與深度

舉凡連日大雨過後，或是久旱不雨時，都應考慮耕鋤。因為土壤過濕會破壞土壤結構，使土壤更加緊結，所以下雨過後等待土壤稍乾，不會沾粘農機器具時應即進行耕鋤，一般大雨後約3至5日土壤稍乾時，即進行耕鋤，惟耕耘宜稍深；久旱時則宜淺耕，使其形成覆蓋，減少水分蒸發。

另外，幼木茶園宜淺耕、成木茶園則可深耕。中耕時須注意，不宜太靠近根際，避免根部受到較大的傷害，影響茶樹生育以及芽葉之生長，造成減產。

(四) 鏟除多年生頑草

多年生宿根雜草，如茅草、硬骨草、小花曼澤蘭等均應連根拔除，以免加速蔓延。如確實難以控制，可採用殺草劑予以徹底根除，惟應注意勿傷及茶樹。

(五) 中耕機具

中耕鋤草可配合茶園情況，選擇小型的動力中耕機、茶園專用獨輪輕便型中耕機，或背負式動力割草機除草。在崎嶇不平無法使用中耕機的地區，則應以人力使用鋤頭翻耕。

(六) 等高耕作植溝應與坡向垂直

坡地茶園如為等高耕作，植溝必須與坡向垂直，使耕耘作業不成問題。若未依等高耕作，耕鋤方向仍應嚴守與坡向垂直的原則，不可順坡由上往下耕鋤，否則容易造成表土逕流，養分流失。台壁與水溝除草，只需將地上部割去即可，根部應予以保留，以利水土保持。

等高耕作植溝應與坡向垂直

(七) 宜避免使用除草劑

茶園雜草除非無法以人工機具控制，否則除草劑的使用應儘量避免，以減少對土壤構造與茶樹造成傷害。若不得已使用除草劑，則田間雖已無雜草年終深耕仍然不可避免，應按時實施，以防止土層變硬，讓茶樹根部吸收能力維持良好的狀況。

二、茶園施肥

茶樹生長所需的營養元素，除組成碳水化合物的碳、氫、氧三元素，可以由水和空氣中獲得外；其他氮、磷、鉀、鈣、鎂、硫等巨量元素，鐵、錳、銅、鋅、硼、鉬、氯等微量元素，以及對茶樹生長特別有助益之鋁、氟等有益元素，都可經由土壤或肥料供給。這些元素因茶樹生長與開花結實的需要而被吸收，或因茶菁採摘耗損，而土壤中的元素也會因雨水沖蝕流失，氮素因脫氮揮散而損失，故為維持茶園良好地力，增進茶菁產量與品質，必須適時、適量給予施肥補充。

一般作物栽培除氮、磷、鉀等三要素需要量大，必須加以補充外，其他元素在土壤中的含量，通常足以提供作物之所需。茶樹生長所需之各種營養元素，均扮演著不同的角色，例如氮素除能促進產量外，又可提高製茶的品質，增進茶湯滋味與色澤。磷酸與鉀肥可促進根系生長，提高茶樹活力，加強病蟲害與旱災的抵抗力，促使茶葉香氣濃郁。因此，各項元素除須充分供應外，亦應斟酌氣候條件、生育情況、土壤性質，以及其他特殊需求等內、外在環境因素，適度調整各元素的供應比率，尤其在氮磷鉀三要素方面更應受到重視，才能獲得最佳的產量與品質。

茶樹因生長環境的不同，所需的要素種類與數量亦有差別，要素量需配合適當，方能達到促進生長，提高品質的目的。茶園肥料需求量，可以土壤與植體採樣分析診斷，作為有效的參考。以下為土壤與植體採樣方法的方法：

1. 土壤採樣：在田區中央及四個角落（離田埂至少2公尺）各取一點，每點取0至15公分及15至30公分深度之土壤少許，每公頃在適當的位置取五至十個點，總量約500公克充分混合裝袋。

2. **植體採樣**：在茶樹萌芽後枝條長至五至六葉時，取一心三葉，每分地平均分布隨機採樣三十個左右裝袋。

將土壤或植體樣本連同相關資料，寄送農業試驗研究改良場所。各接受單位經過分析後，會將結果及診斷建議事項函覆，提供茶農作為施肥時參考。另外，一般肥料種類可分為下列兩種：

1. **有機質肥料**：肥料效果緩慢而持久，不易對土壤造成鹽害，適量施用可改善土壤理化性，增進土壤養分與土壤微生物的活動。此類肥料包括綠肥、各種動植物殘渣、油粕類、禽畜糞尿等等，碳氮比大的材料應先經過充分堆積腐熟後，做成完熟堆肥施用，尤其是禽畜糞便堆肥，經堆積高溫發酵後，充分殺蟲殺菌，可避免蚊蠅滋生，數年前茶區大量施用雞糞堆肥，滋生大量蒼蠅的現象，近年來已大獲改善。綠肥作物應於適當時期翻埋入土。另外，坊間肥料公司出品的有機質包裝肥料甚多，購買時應特別注意是否經過農政單位檢驗合格，成分品質等會比較有保證。

化學肥料施用後應立即覆土

2. **化學肥料**：又分單質肥料與複合肥料。單質肥料，如氮素肥料有硫酸銨、尿素、氰氮化鈣……等；磷酸肥料有過磷酸鈣；鉀肥有硫酸鉀、氯化鉀等。複合肥料所含氮（N）、磷酐（P_2O_5）、氧化鉀（K_2O）等的比例，各有不同的百分比組合，例如適合茶樹用的台肥1號複肥為20-5-10；台肥42號複肥為23-5-5；台肥43號複肥為15-15-15；台肥特1號有機肥為11-11-11，另含有機質30。

根據上述，各區茶農應依照各試驗研究改良場對於茶園土壤或植體分析結果所做的建議加以參考，並依作物施肥手冊內的建議使用量，計算各要素之應施份量比率，調配出不同的肥料施用量。

肥料施用時，應本著合理化施肥的原則，以少量多次施用，如能配合各季之中耕、深耕時期更佳，一方面可節省工資，另一方面使肥料與土壤充分混合後，可減少流失與揮散。有機質肥料最好是在冬季深耕時，埋入土中作為基肥。化肥施用時應離主幹30公分，但應在樹冠層葉面下，茶樹根部才能到達吸收。坡地茶園應施放於上坡，肥料溶解後向下坡移動，使茶樹更容易吸收。

現階段茶樹施肥都有過量的現象，不但增加生產成本，而且容易造成環境污染。筆者在名間茶區採樣分析結果，地下水受到無機態氮污染的程度相當嚴重，希望茶農們施肥時能特別注意，少量多次施用，是茶園施肥的最重要原則。

三、茶園敷蓋與植生

茶為多年生木本植物，根系發達，管理良好的成木茶園，除特意保留的行間通道之外，樹冠幾乎可將整個茶園地面完全覆蓋，是一種良好的水土保持植生作物。由於茶樹幼木期間長達三至四年，再加上經過台刈後尚未恢復的茶園，地表裸露的面積大，表土易受沖蝕流失，使得民眾誤認為茶園嚴重影響水土保持，是土石流成因的假相。尤其是坡地茶園，水土保持工作更應加強，敷蓋與植生栽培是防止地表沖蝕的最佳水土保持方法。

敷蓋有防止雜草滋生，降低雨水衝擊，減少地表水之逕流量與土壤水分蒸發，增加土壤有機質，改善物理性質等功能。敷蓋材料分為有機材料與無機材料。前者包括稻草、蔗渣、花生殼、稻殼、草類、鋸木屑、樹皮等植物性廢棄物，敷蓋厚度約3至5公分，太厚不但不經濟，且光線不易透入，茶樹根部將會向土壤表面伸展，往往造成二層根，不利茶樹生長。無機材料有塑膠布、不織布等。使用上以有機資材為佳，無機資材易造成施肥不便，將來回收也有困難，也可能對環境造成污染，宜儘量少用。

植生栽培是指於茶園行間、台壁、山邊溝等裸露地方，種植綠肥作物或草類，以減緩雨水衝擊，防止地表經水沖刷，涵養水源。最適宜茶園植生的綠肥作物為俗稱「魯冰花」的黃花羽扇豆，此花於冬季裏作栽培，在幼木期的行間開植溝，株距10公分左右，每年9至11月間以種子直播，每分地種子量約1.5公斤，翌年3月開花前，直接翻埋入土中，以充當綠肥。

間作綠肥：黃花羽扇豆（即魯冰花）

推薦的茶園植生草類有百喜草、類地毯草、黑麥草等，以直播、苗植或草皮舖植方式栽植，生育期間需酌施氮肥，避免與茶樹爭奪肥料。草地長高應按時割取，充做敷蓋材料置於行間兩旁。不過，百喜草冬季乾枯期時，因極易引發火災致損毀茶園，因此應特別注意剪草工作。

四、茶園灌溉

台灣早期的農業南糖北茶，茶樹與甘蔗一向被視為看天田的耐旱作物。因此，過去對灌溉水源的開發，與灌溉設施的建設常被忽略。自20世紀60年代石門水庫建設完成以後，台灣全島的水庫建設如雨後春筍，相繼完成。使得許多過去看天吃飯的旱地，多少都能夠取得水源。可是茶園灌溉的水源仍然普遍不足，需要繼續開源節流。

前已闡述，1970年代以後，台灣茶葉逐漸由外銷轉為內銷，生產地也由北部的丘陵台地，向中南部的山坡地移動，而且所生產的茶葉多屬高價位的內銷部分發酵茶類，農民有利可圖，加上政府大力補助的情況下，對茶園灌溉水源的開發與設施的建設，可謂是不遺餘力。

北部文山茶區深坑、石碇、坪林與中南部台中梨山，南投的魚池、鹿谷、杉林溪，嘉義的梅山、阿里山等茶區，都接近中央山脈，全年都有地下泉水湧出，水源充沛。大部分茶農都捨得投資興建蓄水池，於更上面的壕溝尋找可用的水源，以PVC塑膠管將泉水引入蓄水池中，作為灌溉之用。平地茶園如名間茶區，則開鑿深井抽取地下水為水源。但整體評估水源仍屬不足，使用上仍應設法節流。

目前茶樹栽培欲以溝灌方式灌溉幾不可得，故採取多用途的管路灌溉，諸如滴灌、噴灌等為最佳方式。滴灌使用PE穿孔管灌溉系統，為維持管內足夠的水壓，最長以不超過80公尺為妥，可兼做施用液肥之用。噴灌是以PVC管線施設，為免妨礙茶園工作或作業時不小心被破壞，應盡可能埋入土中30公分；此管線亦可兼做噴藥使用。

茶園噴灑灌溉設施

坡地茶園蓄水池應設於制高處，可利用落差壓力灌溉。落差不足地區與平地茶園，可使用抽水機加壓，使水輸送至茶園。考慮茶園灌溉水量，也應注意敷蓋材料的吸水量，並使一次灌溉水量達到茶樹根部分布深度的土層濕潤，如此可使土壤含有效水分（A.M.）的時間明顯加長，並加長灌水週期，有效的節省用水量。土壤裸露地區，水分較易散失，為避免水分不足，影響茶樹生育，灌溉週期應視田間狀況酌予縮短。

南投縣鹿谷鄉的凍頂烏龍茶區，近年來發現許多茶樹樹勢衰退，病蟲害嚴重，茶園逐漸荒廢，當地農會推廣人員與茶農都曾經質疑，這些茶園過去都是由水稻田所開闢，可能是水田特有的不透水層——犁底層所引發的生理障礙。筆者在茶業改良場時因限於土壤研究的人力，在離開該場時仍未能查明真正原因，回到農業試驗所後仍耿耿於懷，希望能了解真正發生原因，於2003年5月間，率領農業試驗所農化系同仁，前往鹿谷鄉鳳凰、永隆、福興等村，實地開挖土壤剖面，結果發現並非過去所懷疑的不透水的犁底層所造成，真正的原因乃是田間有機質含量低，森林過度開發水源涵養不足，水分嚴重缺乏所引起。應從開闢水源，設置灌溉系統，注意田間肥培管理著手，才能夠恢復凍頂茶的生機。之後筆者並撰有〈鹿谷地區茶園生育不良因子之探討與改善對策〉一文（《農友月刊》，2003），供茶農參考。

五、茶樹修剪

茶樹是採集幼嫩芽葉的作物，茶芽數量與新芽的強弱，直接影響茶葉的產量與品質。茶樹具有頂芽優勢的特性，修剪可抑制頂芽生長，促使腋芽萌發，側枝發育平均發展，茶叢因而擴大發芽面積，達到增進茶葉產量與品質的目的。修剪能使茶樹樹型與高度整齊劃一，樹梢均衡發展，枝葉繁茂密實，便於茶園管理與採摘。

台灣地處亞熱帶，茶樹幾乎全年可以生長，如管理良好全年都可進行修剪。惟最適當的修剪時期，應選擇樹液運行緩慢的茶樹休眠期，約在每年冬至前後15天左右進行。惟高海拔地區，冬季嚴寒，為避免茶樹遭受寒害，應待春茶採收後再行剪枝，以保茶芽能安全生長。但冬季未進行修剪，萌芽較慢，春茶採摘期將延後一至二週，產期雖延後，但茶葉品質較佳。配合採茶與製茶的人工調配，可考慮選擇採用冬季修剪或春季修剪，以作為產期調節的方法。

茶樹修剪除種植初期的剪定外，成木茶園修剪可分為淺剪枝、中剪枝、深剪枝、台刈以及樹裙修剪等不同的修剪方式。修剪應於晴天進行，雨天傷口易受病原菌感染腐爛，甚至使茶樹枯死，因此，應特別注意修剪當天的天氣狀況。

茶樹淺剪枝作業

(一) 淺剪枝

茶樹種植後自第五年起，每年冬至前後或翌年春茶過後，應進行淺剪枝一次，位置較前一年提高3至5公分，可視茶樹生長情形及栽培需要，酌予增減。大葉種採平剪，小葉種採淺弧型修剪，並去除病枝、弱枝與枯枝。

(二) 中剪枝

茶樹生產量逐年增長，達一定程度後，雖加強肥培管理，不但無法再提高產量，且開始有下降的趨勢，表示樹勢已有衰弱的現象，應進行中剪枝。

另外，定植十二至十六年的茶樹，雖樹勢仍然強健，但每年淺剪提高3至5公分，十餘年來累積樹高已超過90公分，田間作業與採茶工作都受到不便的影響，此時也應進行中剪，高度一般在離地面約45至50公分之間，採水平修剪，並將小枝條全部去除，促使粗壯的枝條萌發新芽，以恢復樹勢。

(三) 深剪枝

茶樹生長勢衰弱，利用中剪的方式，仍難以恢復樹勢時，應考慮進行深剪枝，使樹勢再度恢復，修剪高度離地面小葉種20至30公分，大葉種40至45公分，應以銳利的深剪枝機剪斷，使刀口平整，能迅速癒合，以利新芽萌發。

(四) 樹裙修剪

為保留行間20至30公分的通道，使空氣流通，方便田間管理作業進行，每年至少要有一至二次將樹冠兩旁橫向伸展的枝條，以樹裙修剪機予以修剪，保持行間通道暢通。

(五) 台刈

台刈是自樹幹離地面6至9公分處鋸斷，促使茶樹基部萌芽發生新枝，恢復旺盛的生長勢。通常台刈只適宜小葉種茶樹進行，大葉種茶樹樹幹基部不易萌芽，一般不採用台刈。小葉種茶樹經過中剪、深剪恢復樹勢，再經過一段時間後，枝條出現老化現象，萌芽力嚴重衰退，新芽短小，長出一至二葉即開面，多屬無效芽時，可進行台刈。

台刈一般以冬至前後進行為妥，如能配合灌溉更好，如遇乾旱茶樹極易枯死。台刈前宜加施有機肥及鉀肥，以增加茶樹活力。台刈後三年內應按照幼木茶園之管理方式進行管理，第四年以後依成木茶園管理修剪，養成優良樹型。

> **刈**
>
> 刈，音一丶，有割取的意思，如刈草、刈麥等；舊時為割草的農具，也就是所謂的「鐮刀」。

茶樹栽培管理（三）

關於茶樹的病蟲害防治

台灣的內銷茶多以部分發酵的包種茶類為主，其茶菁原料的品質與產量，深受品種特性與季節性變動的影響，以春茶與冬茶品質最佳，價格也最好。春茶產量穩定，冬茶則受品種與氣候影響，產量較不穩定，常影響茶農收益。地處亞熱帶的台灣高溫多濕，農作物病蟲害極為猖獗，茶樹病蟲害的防治方面，尤須特別用心，以確保茶農生計。

一、茶樹病害防治

地處亞熱帶的台灣高溫多濕，農作物病蟲害極為猖獗。茶樹病害方面，以茶枝枯病最為嚴重；另外尚有茶餅病、茶網餅病、茶赤葉枯病、茶褐色圓星病、茶髮狀病，以及屬於線蟲類的茶樹線蟲病等，都是重要的茶樹病害，茲將其病狀略述如下。

(一) 茶枝枯病

青心烏龍為受害最嚴重的茶葉品種，茶枝枯病常造成青心烏龍樹勢衰弱，提早老化、產量減少。依據茶業改良場研究報告，茶枝枯病的病原菌 **Macophoma theicola**，屬高溫活動真菌類，可抗高溫且對低水分潛勢具有很高的耐力，枝枯病的菌絲生長適溫為25℃至35℃，低溫下即潛伏而停止活動（須注意只是停止活動而已）。台灣北部及高海拔地區，較中南部平地之氣溫普遍為低，因此發病期較短，每年約三至四個月，而中南部平地發病期，可長達半年以上。

枝枯病的病原菌於初夏開始活動，盛夏為高峰期，入秋後氣溫下降病害趨於緩和，冬季低溫則完全不顯病徵。如未枯死，翌年春天仍發新梢，夏季溫度上升以後，病原菌如前一年又開始活動，新枝條則再度出現枯死現象。

茶枝枯病主要是危害茶樹的枝條，侵入點以上的枝條葉片會失去光澤、缺水、萎凋，最後枯死，故名為「茶枝枯病」。茶樹在發病初期，受害枝條葉片失去光澤（如圖），接著茶樹生長勢逐漸衰弱，植株矮化，葉片稀疏變小，由深綠色逐漸轉為淡綠色，萎凋下垂呈失水狀，最後枝條褐化枯死，夾雜於綠色樹叢間。

茶枝枯病病徵

由於罹病細胞會快速死亡，來不及產生離層，大部分枯葉並未掉落，仍懸掛於枯枝上長達兩至三個月的時間，是茶枝枯病的主要特徵。本病與茶樹木雕蛾危害的癥狀很類似，感染部位也是枝條；此時將罹病枝條以小刀刮除表皮，在韌皮部可發現明顯的褐色病斑與健康的綠組織，互相夾雜，在剪斷枝條後若無發現蟲蛀情形時，應可確定為本病危害。

目前茶業改良場所提出的防治方法有三：

1. **預防病原菌侵入**：選擇抗病品種，採用健康種苗，加強田園管理，夏季嚴防乾旱，保持強壯的生長勢，減少遭受病原菌感染的機會。
2. **確定罹病後應做好清除病枝工作**：自罹病部位以下10公分左右，將確定未受到感染的地方剪除，並塗上殺菌劑；嚴重者，茶園應進行台刈，若仍無法有效控制時，建議全園更新；最重要的是，枯枝落葉應徹底搬離茶園加以焚毀，以避免成為二次感染原。
3. **做好田間清潔衛生工作**：冬季低溫時，茶樹與病原菌活動力均低，為進行剪枝清園噴藥徹底防治茶枝枯病最佳時期，可在明年春梢得到良好的控制。此外，也可選擇植物保護手冊中所推薦的適當藥劑加以防治。另外，植物保護手冊中所推薦的藥劑因每年檢討更換，故本書不予抄列。

(二) 茶餅病

茶餅病曾於1980年代在台灣北部大發生，是僅次於茶枝枯病的嚴重病害，病原菌**Exobasidium Vexans massee**為絕對寄生菌，目前仍然難以人工培養。

茶餅病發生於冷涼、多霧、陰雨的季節；主要危害幼芽嫩葉，初期病斑呈淡綠、淡黃或淡紅色小點狀，後逐漸擴大至1.2公分左右，甚至可達3公分以上的圓形病斑，故以「茶餅病」稱之；成熟期的病斑葉背形成白色子實體層，白色粉狀物即為其傳染原——擔孢子。擔孢子，被覆一層黏質鞘，可緊密依附碰觸物體的表面，在病區採摘茶菁所用過的機具，非經徹底消毒嚴禁於健康茶園重複使用。並應注意避免於陰濕天氣及發病高峰期採茶，以減輕病原傳播。

罹患茶餅病的茶菁所製成的茶葉品質不良，本病對成茶品質影響的容許度及茶園發病率應在20%以下，超過時其成茶品質低劣，即無商品價值可言，茶農可選擇植物保護手冊所推薦的藥劑防治。

(三) 茶網餅病

茶網餅病多發現於東部的宜蘭、花蓮、台東等地區，其生態與茶餅病類似，於發現茶網餅病的茶園中，也多能發現茶餅病。

茶網餅病病原菌**Exobasidium reticulatum** Ito & Sawada與茶餅病同屬擔子菌，於人工培養基中的菌落呈酵母狀，無法形成擔孢子。自然形成的擔孢子為圓筒狀或棍棒狀，擔孢子囊為橢圓形或卵圓形，為無色單胞。初期病斑為黃綠色透明小點，約2至3公釐左右，逐漸擴大為不明顯淺綠色網紋，然後開始有白色粉狀子實層，病斑沿葉脈生長為網狀紋，進展緩慢。病害後期，罹病葉片枯黃，最後焦黑掛在樹枝上。病枝的萌芽率極低，甚至不萌芽，影響春茶產量。

目前植物保護手冊上尚無推薦的防治藥劑，發病嚴重地區，宜避免栽種青心烏龍等易感病品種。

(四) 茶赤葉枯病

茶赤葉枯病是台茶最嚴重與普遍的病害，本病為高溫高濕型病害，溫度高但乾旱時，本病害的發展會趨於緩慢或停止。

茶赤葉枯病病原菌的有性世代為**Glomerella Cingulata** (Stonem) S. & Sc.，無性世代為**Colletoeichum Camelliae** (Cook) Butler；傳染途徑以無性世代的分生胞子為主要傳染原，可隨雨滴濺布，風雨可擴大其傳播範圍。本病原菌也可感染山茶科的茶花。台灣茶樹在扦插初期容易發生本病，插條應選自健康的母樹，扦插前先以藥劑預措防治。

為防治茶赤葉枯病可增加茶園的日照與通風條件，並降低濕度，造成病原菌不適的環境，以預防本病的發生；此外也可選擇植物保護手冊內推薦的藥劑防治。

(五) 茶褐色圓星病

茶褐色圓星病有兩型病斑：一為褐色圓點，在老葉背面發生；一為綠斑病斑，可危害幼葉和老葉。病原菌**Cercospora theae** (Cavara) Brede de Haan，經中興大學植病系謝文瑞等重新鑑定為**Pseudocercospora theae** (Cavara) Deighton，原先學者都認為兩型病斑為不同病原菌，1971年Hirakawa證實為相同病原菌所引起。在台灣僅發現綠色病斑，發生在葉背，為不規則深綠色小斑點，初期為針狀，逐漸擴大至2至3公釐大小的凸起斑點，受害海綿組織細胞擴大，致病斑凸起較正常葉片厚度增加1至2倍。罹病後期，綠斑占滿整個葉片，葉片肥厚失去光澤，甚至黃化，對茶樹生育有影響。

茶褐色圓星病以菌絲在組織上**越冬**，並以孢子傳播。各茶葉品種間的抗病差異性不顯著，大多數品種都會受到感染，預防上以注意肥培管理，加強茶樹的生長勢，即可防止病原菌入侵。

越冬

指秋冬季播種的幼苗，能通過冬季的酷寒，直到次年春、夏季收成。另外病原菌菌絲在組織上經過冬天不被凍死也稱越冬。

(六) 茶髮狀病

1984年，台灣首度發現茶髮狀病，當初僅在宜蘭縣冬山鄉有局部茶園發生，危害狀況並不嚴重，近年來有擴大的趨勢，全島都有零星發現。病原菌**Marasmius equines** Muler & Berk，菌體為菌絲束，黑色有光澤，橫切面外圍黑色，內部白色。菌絲產生子實體，包括菌傘與菌柄，菌傘產生擔孢子。

茶髮狀病為高溫高濕型病害，在潮濕與高溫的情況下容易發生。受害枝條可觀察到菌絲束，由罹病枝條直接長出，緊密或疏鬆的附著於枝條或樹葉上。菌絲束可直接形成吸盤，吸附於枝葉上，雜亂的纏繞於枝條，嚴重時枝條幾乎為黑色菌絲束所纏繞，使枝葉乾枯死亡。目前尚無推薦藥劑防治，傳染源為黑色菌絲束及擔孢子，須剪除病枝焚毀，使其不產生擔孢子，為適當的防治法。

(七) 茶樹線蟲病

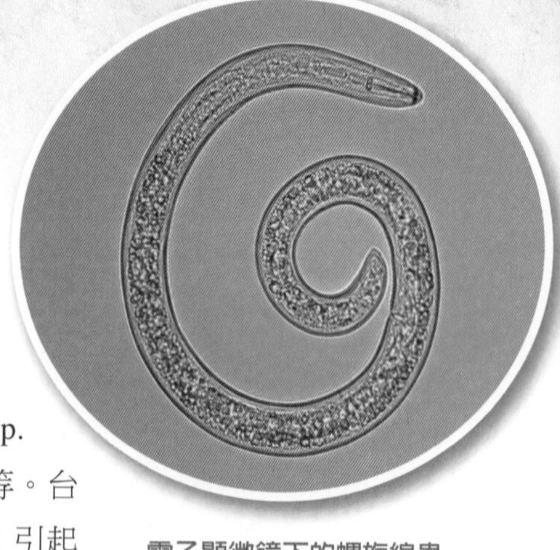

電子顯微鏡下的螺旋線蟲

線蟲的寄主範圍極廣，除茶樹外亦可寄生數十種各種不同的作物與雜草。危害茶樹的線蟲種類繁多，包括根瘤線蟲**Neloidogyne** spp.有九種、根腐線蟲**Pratylenthus** spp.有三種、鞘線蟲**Hemicriconemoides** spp.有六種，以及穿孔線蟲**Radopholus similes**等。台灣有報告的線蟲種類包括：(1)M. incognita：引起茶苗枝根瘤線蟲，發生並不嚴重；(2)**P. looi**：危害苗木、幼木及成木茶園；(3)**H. erythrinae**；(4)**H. hanayaensis**。

線蟲所引起的病徵為根部生長不良、植株矮化、葉片黃化、易開花且多花，嚴重時全株枯死。其防治方法有：育成抗線蟲品種、使用無土穴植苗等清潔種苗、施用有機肥、改善土壤理化性質、休耕曝曬土壤等方法，以降低受害程度。

二、茶樹蟲害與蟎害防治

(一) 茶小綠葉蟬

茶小綠葉蟬，學名**Jacobiasca formosana** Paoli，俗稱煙仔、跳仔、青仔。為不完全變態昆蟲，卵白色至淡綠色，成彎曲圓筒狀，長約0.74公釐。若蟲初孵化時呈白色、半透明，吸食後轉為黃白色，複眼紅色或紅褐色；三齡時蟲眼黃白色，胸與足淡黃色，腹淡綠色；四齡蟲體淡黃色、略透明，眼乳黃色，觸角淡褐色；五齡蟲體黃綠色，複眼淡綠色，中央有黑點。成蟲黃綠色，觸角灰褐色，複眼

茶小綠葉蟬成蟲

灰白色，除前胸深綠色外，餘為黃褐色，前翅黃綠色中央有灰白色橢圓形斑紋。雌性平均體長2.7公釐、展翅2.39公釐；雄性2.4公釐、展翅2.19公釐。

本蟲在台灣各地全年都會發生，年發生十四個世代，以5至7月最為嚴重，雜草叢生與通風不良的茶園最易受害。刺吸型口器插入幼嫩芽葉組織吸收養液，使茶芽發育受阻，被害芽葉呈黃綠色，嚴重時茶芽捲縮，葉呈船形，葉緣褐色，最後脫落。成蟲將卵產於幼梢組織內，平均卵期11.4天，若蟲期13.1天，可分五齡，成蟲期雌性35.4天、雄性25.9天。雌蟲平均產卵約30粒，最多150粒。

小綠葉蟬有天敵寄生蜂十二種，分屬細赤小蜂科、卵寄生蜂科及姬小蜂科。其中以**Stethynium** sp.分布最廣，其次為**Arescon** sp.，兩種都屬於細赤小蜂科，發生在夏季。定期除草改善通風狀況，可減輕本蟲危害程度。茶樹萌芽期間發生本蟲危害時，可選擇推薦藥劑施用，不同藥劑應輪流使用，以降低抗藥性。

(二) 茶捲葉蛾

茶捲葉蛾，學名**Homona magnanima** Diaknoff，又名捲心蟲、青蟲。完全變態，卵呈魚鱗狀排列、黃色、圓形而扁。初化幼蟲頭黑色，後期頭黃褐色、體暗綠色，胸第一節硬皮板黑褐色，體長約25公釐。蛹赤褐色或黃褐色，腹部各節背上有一列鋸齒狀突起。雌性成蟲體長12公釐，展翅11至15公釐，體及前翅黃褐色；前翅近長方形，具光澤，散布有濃褐色波狀細短橫線，中央有濃褐色帶狀紋，由後緣二分之一處向內彎曲至前緣三分之一處消失；後翅扇形黃色。雄性成蟲體長10公釐，展翅10至13公釐，前翅近乎長方

茶捲葉蛾幼蟲與田間危害情形

形，前緣基部褶大暗綠色，中央有黑褐色大斑紋，後翅扇形先端黃色，基部暗褐色或灰褐色。

茶捲葉娥多為害成葉，吐絲將二至三個葉片綴在一起，幼蟲棲息於裏面取食葉肉，留下表皮呈紅褐色，幼蟲受到驚嚇時會急速後退；老熟幼蟲會於被害葉片內化蛹；成蟲則棲息於葉片，於黃昏後活動交尾，卵塊產於葉面，肉眼可見極易發現。年發生六至七個世代，平均卵期9天，幼蟲期32.7天、蛹期8.3天、成蟲期6.6天。雌蛾可產一至四個卵塊，平均每塊171.4粒。

茶捲葉娥的主要天敵有赤眼卵寄生蜂、小繭蜂以及寄生真菌。防治法為以人工摘除卵塊；或於田間釋放寄生蜂卵塊，進行生物防治。藥劑防治則請參考植物保護手冊之推薦藥劑。

(三) 茶姬捲葉蛾

茶姬捲葉蛾，學名**Adoxophyes** sp.，又名吊絲蟲、青蟲。完全變態，卵扁圓形、黃色、呈魚鱗狀排列。幼蟲初孵化時頭部黑褐色，化齡後呈黃褐色。老熟幼蟲呈鮮綠色或黃綠色，無斑紋，胸部第一節硬皮板黃褐色，體長約20公釐。蛹褐色，羽化前暗褐色，腹部各節有橫列鋸齒狀突起。成蟲體長6公釐，展翅7至9公釐，體翅均褐色；雄蟲前翅近乎長方形，外緣與後緣垂直，有三條暗褐色帶紋，後翅扇形，黃色無斑紋；雌蟲前翅斑紋較少，有不規則細短橫線散布，後翅與雄蟲相同，雄蟲腹部末端有毛叢，雌蟲則無。

初孵化的幼蟲吐絲隨風飄送，尋找幼嫩芽葉，棲息於芽內或未展開的嫩葉邊緣取食，不易被發覺。二齡幼蟲吐絲將嫩葉捲起，由內取食，為害症狀

茶捲葉娥幼蟲與田間危害情形

明顯。幼蟲受到驚嚇時，急速後退或懸絲向下逃避，老熟後於為害處化蛹。成蟲白天靜置葉背夜間活動，平均產卵135粒，年發生八個世代，平均卵期約8天、幼蟲期20至30天、蛹期9天、成蟲5至8天、一個世代約45天。

茶姬捲葉蛾的主要天敵有赤眼卵寄生蜂、小繭蜂、姬蜂、食蚜蠅等。防治方法有，縮短採茶週期減少危害，或於每年2至9月利用性費洛蒙誘殺成蟲；藥劑防治方面請參考茶捲葉蛾。

(四) 茶避債蛾

茶避債娥蟲袋

茶避債蛾，學名**Eumeta minuscula** Butler，又名布袋蟲、蟲包。完全變態，卵橢圓形、肉紅色。初化幼蟲全身細毛、頭球形、黑色，頭與第一至三節硬皮板隨齡逐漸出現斑紋，老熟時體轉為紫黃色，有兩條明顯的亞背線，小型亞背前、後瘤及氣門上瘤，排成一直線。蛹呈黑褐色，紡錘形，雌蛹觸角與翅皆無；雄蛹口器觸角及前翅均明顯，腹部較彎曲，末節彎如勾。雌成蟲翅已退化如蛆狀，頭很小上有棕黃色硬皮板，複眼呈小黑點，短刺狀觸角，缺口器，胸部彎曲，各節背部有硬皮板，足短小，腹部八節，體長12公釐；雄成蟲黑色密生長毛，複眼球狀，翅上黑褐色鱗粉，腹部八節，生有雜亂長毛，分節不明顯。

茶避債蛾一年發生三世代，幼蟲全年可見，初孵化幼蟲由母袋下方鑽出，吐絲隨風飄送到茶樹枝葉後，吐絲做袋，棲於袋內，蟲袋以小枝條縱綴而成（如圖）。幼蟲取食葉片，初齡嚼食下表皮和葉肉，遺留上表皮呈不規則之食痕；老熟幼蟲於袋內化蛹；雄蟲羽化後自下方袋口飛出；雌蟲翅已退化留於袋內，在蛹殼內產卵，附有蟲毛，卵數300至1,000粒。

防治方法為隨時採集蟲袋並燒毀之，或參照植物保護手冊推薦藥劑防治。

(五) 茶蠶

茶蠶，學名**Andraca bipunctata** Walker，俗名軟蟲、烏秋蟲、茶客。完

全變態，卵黃色橢圓形。幼蟲頭與前胸黑褐色，初孵化體呈黃棕色或暗褐色（如圖），老熟幼蟲體長約75公釐，均為黃棕色，密覆細毛，每節有淡紅及黑褐色帶狀環繞，並和許多黃色縱紋相交。繭為不規則橢圓形，由黑褐色絲線鬆鬆織成，長35公釐、寬18公釐左右；蛹約25公釐，外表光滑紅褐色；雌性成蟲淡褐色，觸角為鞭狀白色，翅呈黃棕色，前翅有三條波浪狀翅紋，一、二條間有一小黑點，後翅有兩條翅紋，亦有小黑點；雄蟲體色與翅均為黑褐色，觸角雙櫛齒狀，暗褐色，翅紋與雌蟲同。展翅雄33至45公釐、雌45至48公釐。

茶蠶幼蟲

茶蠶幼蟲分五齡，具群聚性，受驚動時頭尾上蹺如弓狀，老熟幼蟲會掉落地上假死。一、二齡食量小，群聚葉背取食；三、四齡食量漸增，集中在枝條上取食整個葉片；五齡後分散為數群，食量驚人往往將葉片啃光，只剩光禿禿的枝幹。茶蠶會在地面枯葉、淺土或枝幹空隙間結繭化蛹。成蟲多在茶叢間活動、交尾，產卵於葉背，排成數行，約40至70粒。年發生三或四世代，平均卵期19天，幼蟲期34.5天、蛹期21.8天、成蟲期6.2天，完成一個世代需82天。

已發現天敵有卵寄生蜂及幼蟲寄生蜂各一種。防治方法為，摘除卵塊、幼蟲具群聚性可以人工捕殺、施行冬季深耕減少土中之蛹、幼蟲期噴施蘇力菌。化學藥劑防治則請參考植物保護手冊。

(六) 茶毒蛾

茶毒蛾，學名**Euproctis Pseudoconspersa** (Strand)，又名毒毛蟲、刺毛蟲。卵粒黃色平滑，卵塊上有黃白色毛覆蓋。幼蟲初齡頭部黑色，二齡後呈黃褐色，在腹部一、二節背部有毒刺毛，生有二個黑色瘤。成長後體呈淡黃色，背線暗褐色，亞背線及氣門上線黑色，中間成明顯的白線。腹節有叢毛瘤突，刺毛白色，背上一

茶毒蛾幼蟲

對黑色瘤突特別大，前胸氣孔前方的瘤突特別高，密生白色細毛。體長25至30公釐。繭質薄淡黃色，蛹黃褐色，上覆同色細毛，長10公釐。雌成蟲體黃色，觸角絲狀，前翅黑褐色鱗粉散布，有兩條白色橫線，近翅頂有兩個黑色紋。雄成蟲觸角羽狀，體色春季黑褐色、秋季為黃色。

茶毒娥年發生五世代，各蟲期重疊，以2至5月為害最嚴重。初齡幼蟲群聚葉背取食，僅留黃褐色表皮，三齡後從葉緣啃食（如圖）。成熟幼蟲於枝幹空隙或落葉間做黃褐色繭化蛹。成蟲晝伏夜出，入夜後活動交尾，卵塊產於葉背，上覆母蛾毒毛，平均約109粒。防治方法為採行間局部施藥，參考植物保護手冊推薦藥劑。

(七) 茶角盲椿象

茶角盲椿象成蟲

茶角盲椿象，學名**Helopeltis fasciaticollis** Poppius，又名大蚊子。不完全變態，卵白色，下端圓形，上端扁平，近圓筒狀，兩側各有一根長短不同的白色毛。若蟲五齡，初齡小楯板上無桿狀突起，二齡後才長出。體琥珀色，全身布滿刺毛。成蟲體呈黑色，頭小而短，複眼向兩側突出，觸角細長約為體長2倍。有一小楯板向後彎曲的長形桿狀突起，先端膨大成球形。足黃褐色。雄蟲前胸背板呈黑色，雌蟲為黃色。

成蟲與**若蟲**均以口器，刺入茶樹幼嫩芽葉莖部吸取養分，被害處成暗褐色斑點，被害芽停止生長，影響茶菁產量與品質（如圖）。一天中以早晚活動最頻繁，一年中除成蟲越冬期外都會危害茶樹。尤以4至5月及8至9月最為嚴重。年發生四至八世代，平均卵期7至18天，若蟲期夏季8天、冬季22天，成蟲壽命30天，但越冬時可長達167天。防治方法為改善環境，清潔田園雜草、剪除產卵枝條燒毀，於危害初期以人工捕殺若蟲及成蟲。

若蟲

不完全變態的昆蟲，卵孵化後，翅膀尚未長成，外形和成蟲相似，但生殖器官尚未成熟，此時期的小蟲稱之為「若蟲」，在完全變態則稱為「幼蟲」。

(八) 角臘介殼蟲

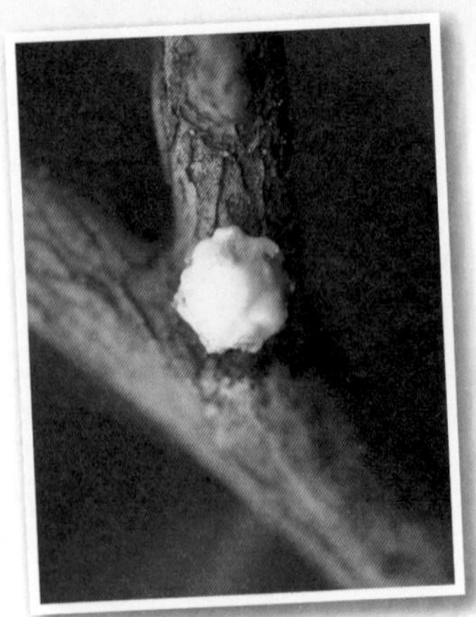
角臘介殼蟲

角臘介殼蟲，學名**Ceroplastes ceriferus Anderson**，卵橢圓形，淡紫紅色或赤紫色，長0.3公釐。幼蟲有三齡，初孵化時扁橢圓形，淡紫紅色或赤褐色，觸角六節，有三對發達的足，腹部末端有長毛一對。隨成長分泌蠟質物覆蓋全身。蛹呈赤褐色，觸角、足及交接器均淡赤紅色。繭為白色，蠟質周圍有十三個棘狀突起，呈星狀。雌成蟲體長4公釐，背部隆起呈半球形或近乎球形，暗赤色或紫褐色，觸角六節，足三對（小呈圓形），介殼直徑6至9公釐。雄成蟲體長1至1.3公釐，赤褐色或暗紅色，觸角十節，翅半透明黃白色。

角臘介殼蟲在台灣中部茶區年發生二世代，若蟲與雌成蟲群聚在茶樹枝梢及枝幹上吸食養液，使樹勢衰弱，減少茶菁產量。成雄蟲多定著於葉脈附近。蟲數密度高時，會誘發煤病，使樹勢更加衰弱。初齡幼蟲發生在4至5月及9至10月間，以第一代較為嚴重。幼蟲孵化後隨即附著於枝條，並分泌白色蠟質物覆蓋全身（如圖）。平均產卵數第一代880粒、第二代530粒。在南部茶區可年發生三世代。

防治方法為配合冬季或春季修剪，及茶園通風良好、日光充足，均可有效減少發生密度。嚴重時可配合台刈，或局部將被害枝條剪除，惟應注意將枝條搬出園外焚毀。

(九) 刺粉蝨

刺粉蝨，學名**Aleurocanthus spiniferus** (Quaintance)，卵呈棕色，長形略彎曲，大小約0.19 x 0.99公釐，兩端尖，基端有短柄，插入葉背氣孔內。若蟲隨發育程度體由細長轉為橢圓形，背部隆起，體周圍分泌白色蠟質物，隨齡期增多。蛹黑褐色有光澤，橢圓形兩側邊緣有刺，周圍有明顯的白色蠟環。雌成蟲複眼桃紅色，觸角鞭狀，胸部背板黑褐色，前翅紫褐色，翅緣有七個白色斑點，後翅淡紫色無斑紋，足淡黃色，腹部橘紅色。雄成蟲與雌成蟲相似，惟體型較小，翅為灰褐色有白斑，腹部淡橘黃色，尾部有長刺。體長雌蟲1.4公釐，雄蟲1公釐。

刺粉蝨年發生四至六世代，以老熟幼蟲在葉背越冬，春天化蛹，3至5月時完成一個世代，平均65.9天。若蟲及成蟲寄生於成葉葉背吸食養分，並分泌蜜露誘發煤病，使枝葉變黑阻礙光合作用進行，樹勢因而衰弱。成蟲白天活動，受驚時群起飛翔，但飛翔力弱常聚於茶叢葉背（如圖）。卵產於葉背，多呈弧形排列。若蟲經三次脫皮後化蛹。

茶刺粉蝨危害

防治方法為注意田園清潔管理，茶園通風良好可減少刺粉蝨蟲的為害。

(十) 三輪薊馬

三輪薊馬，學名**Dendrothrips minowai** Priesner，成蟲雌體表面呈黑褐色，皮下紅色色素清晰可見，形成環狀紅色條紋，連偽節共有九節，觸角及翅均為黃棕色，前翅中央靠基部有一段呈白色，後緣至前端幾成一直線。雄體亦為黑褐色，翅為均勻的黃棕色。

幼蟲與成蟲均在幼嫩芽葉背面樹體銼吸汁液（如圖），破壞組織，葉背呈褐色，嚴重時葉面亦被害變色。遇高溫乾旱容易發生，每年5、6月間發生最為嚴重，棲群密度隨採茶而降低。本蟲蟲體甚小，發生期間又與小綠葉蟬同時，且均為害幼嫩芽葉，因此常被誤認為是小綠葉蟬為害。

三輪薊馬成蟲

三輪薊馬以群聚芽葉為害，防治方法為適時採摘茶菁，可降低發生密度。

(十一) 金龜子

金龜子幼蟲稱為「蠐螬」（如圖），俗稱雞母蟲，台灣茶園常見的金龜子有：

金龜仔幼蟲—蠐螬

1. 台灣黑金龜：學名**Holotrichia sinensis Hope**，幼蟲白色約25公釐，頭部黃褐色帶有光澤，腹部末節腹面著生許多翅褐色剛毛，背面有很多黃褐色軟毛，肛門裂口呈V字形，靜止時常成C字形彎曲。成蟲體長約20公釐，暗褐色具光澤，頭、前背板、翅鞘有刻點，並密布褐色短細毛。頭楯特別短，前緣略向上彎，中央凹下，複眼間有一橫突起線。翅鞘沿會合處亦有一突起線為其特徵。
2. 埔里黑金龜：學名**Holotrichia horishana** Niijima et Kinoshita，又名南風龜，幼蟲白色約25至30公釐，頭部及氣門輪黃褐色，胸部較腹部稍寬，第十腹節腹面後半部著生有鈎毛，肛門裂口呈三裂形。成蟲體長約20至25公釐，暗褐色或褐黑色帶光澤，頭部密布粗大的刻點，頭楯寬而前緣向上揚起，前胸背板寬約為長的2倍，點刻較頭部細而疏。翅鞘上有三條縱隆起線條。

金龜子在台灣一年僅發生一個世代，幼蟲棲息於土壤中，每年棲群密度以1至3月和8至10月為最高，初孵化時咬食近地際之茶樹根莖部皮層，漸長危害根尖和木質部，留下明顯的咬痕。幼木茶園常整株枯死，成木茶園萌芽率遞減，樹勢衰退，冬季有明顯的落葉現象。台灣黑金龜於4至5月間造土化蛹，成蟲於6至8月間出現。埔里黑金龜成蟲於4月底到5月初出現。成蟲晝伏夜出，咬食茶樹葉片。

防治方法為每年5至8月間成蟲出現產卵前，徹底清除茶園雜草，可減少受害程度。成蟲出現盛期，夜間可以捕蟲燈捕殺成蟲；藥劑防治請參考植物保護手冊。

(十二) 台灣白蟻

台灣白蟻，學名**Odontotermes formosanus** Shiraki，簡稱白蟻，危害茶樹的根與莖，蟻后頭胸均呈黑色，腹部第七節寬大，腹節節間膜發達。生殖期間卵巢發達，節間膜伸得很寬，背腹板分得很遠，背板似腹部背方的褐色斑點。體長33至60公釐，寬13公釐。雄蟻有翅，頭橢圓形，觸角念珠狀，淡褐色，翅大黑褐色，翅脈顏色較深，前、後翅大小相等。胸部背板散生褐色毛；體呈黑褐色，長9公釐，展翅21公釐。工蟻頭部圓形，淡褐色，無眼，口器發達；胸部細，前胸背板呈鞍狀，中胸最小；腹部白色，體長約4公釐。兵蟻頭部較大，略呈卵圓形，淡褐色；大顎褐色，基部稍紅色，末端向內彎曲，無眼，前胸背板呈鞍狀，腹部淡黃色，橢圓形，體長約4.5公釐。

白蟻在茶樹幹條外側，覆上一層泥土，順著根系周圍築成一條坑道，棲息於裏面危害（如圖）。

在4至10月間雨後黃昏，有翅的雌雄蟻從巢中飛出，掉落地面後翅脫落，雌雄雙雙成對進入土中，離地表30公分以下至2公尺深之間做巢。經一週左右開始產卵，巢有主巢與哺育巢之分，主巢為蟻后棲息及產卵的場所，哺育巢為幼蟲住所與菌類培養處所。

白蟻在樹幹上覆土危害

防治方法為茶園宜隨時徹底清理，枯木倒樹立即搬離，勿任予棄置茶園中，以避免台灣白蟻滋生。

(十三) 台灣大蟋蟀

台灣大蟋蟀、土猴，學名**Bracnytrupes pertentosus Lichtenstein**，又名**肚猴**，為旱作大害蟲，茶園、甘蔗園都可發現其蹤跡。卵淡黃色，有一側彎曲。充分成長的若蟲，與成蟲極為類似，惟顏色較淡，翅膀尚未完全發育，體長約38公釐（如圖）；成蟲體暗褐色，頭較前胸大，後腿肢節特粗強壯，脛

台灣大蟋蟀若蟲

節基部有一半環狀縊紋，體長約40公釐。

肚猴年發生一世代，以若蟲在土中越冬。若蟲與成蟲掘穴做巢，晝伏夜出，常咬斷茶苗搬回穴內食用。在沙地巢穴深度可達170公分，黏土較淺約30公分左右。

防治方法為可於夜間進行人工捕捉，中南部常成為地方小吃店特產。藥劑防治請參考植物保護手冊。

(十四) 神澤葉蟎

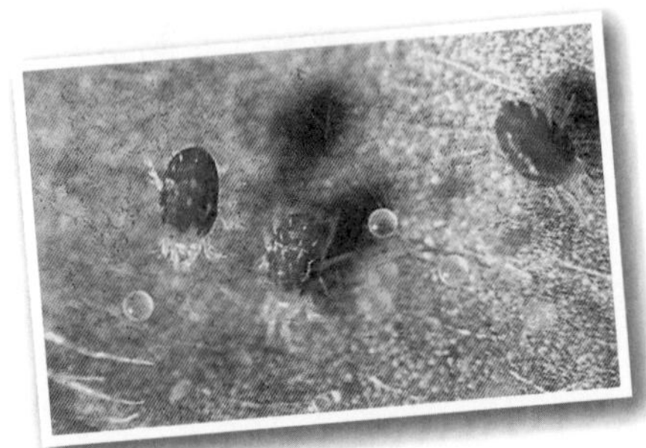
神澤葉蟎之卵及成蟲

神澤葉蟎，學名**Tetranychus kanzawai Kishida**，俗稱紅蜘蛛、或稱紅蝨。與茶葉蟎均屬於八足綱，蜘蛛類，不是一般的昆蟲類動物。卵呈圓形，光滑淡黃綠色，直徑約0.141公釐。幼蟎橢圓形，體長約0.177公釐，淡乳黃色，足三對，前二後一。若蟎雌性呈橢圓形，雄性盾形，黃褐色，前體肩背有兩紅點，經二次蛻皮後，雌淡紅色，雄略帶黃色，足四對，體長約0.36公釐。成蟎雌體長約0.44公釐，鮮紅或深紅色，橢圓或卵圓形；雄體長0.34公釐，淺紅或淺紅黃色，呈盾形。具足四對。

神澤葉蟎年發生二十一世代，完成一個世代雌蟲10至142天、雄蟲6至115天。具單性繁殖特性，雌蟎產卵數約130至240粒。此蟎在幼嫩芽葉及成葉葉背吸食，在新梢心芽以下第一、二葉的蟎數密度最高，受害葉片成紅褐色，嚴重時茶芽不能生長，幾乎無菁可採，造成產量與品質嚴重受損。北部以夏、秋季，中南部以秋、冬季密度較高。下雨或颱風侵襲，都會使棲群密度明顯下降。

神澤葉蟎的天敵有六種包括：六點薊馬、小黑瓢蟲、小黑隱翅蟲、草蜻蛉、溫氏捕植蟎**Amblysieus womersleyi**（Evans）和**Agistemus** sp.等，其中以溫氏捕植蟎分布較廣，繁殖力強，飼養容易，極具推廣利用價值。

防治方法可使用生物防治，每公頃年釋放二十至三十萬隻溫氏捕植蟎防治，或提早採菁及冬季剪枝，以減輕危害程度。藥劑防治請參考植物保護手冊，惟應注意將不同藥劑輪流使用，以降低抗藥性的產生，且施藥應噴灑到葉背及茶叢內。

(十五) 茶葉蟎

茶葉蟎之卵及成蟲

茶葉蟎，學名**Oligonychus coffeac** Nietner，俗稱紅蜘蛛。卵呈球形，初時無色透明，後呈鮮紅色。幼蟎具足三對，體近乎圓形，初為橘黃色，逐漸變淡。若蟎具足四對，體橢圓形，前部為淡紅色，腹部為暗紅色。成蟎雌體暗褐色，略呈橢圓形，腹部後端為寬圓形，體長0.34至0.5公釐；雄體較小且細長，腹部窄呈錐形，體長0.29至0.4公釐。

一年發生二十二世代，田間全年都可見其蹤跡，於高溫乾旱季節較易發生，以6至9月蔓延最烈。遇颱風驟雨，密度急速下降。棲息於老葉葉面，並吐絲結網藏於網內為害。初期為害葉片主脈兩側，逐漸延伸至全葉，受害葉片呈銹褐色，最後脫落。

防治方法為進行冬季剪枝可減輕其危害程度，藥劑防治請參考植物保護手冊。

三、有機栽培與農藥殘留

農業是一種持久性的基本產業，其發展與人類社會文明之沿革，有極為密切的關係。二次大戰前後，化學肥料昂貴，農業增產乃以堆肥、廏肥、人糞尿、綠肥等自給肥料為主，雖然也能達到穩定成長的目的，但增產的效果仍然有限。19世紀初著名的經濟學者馬爾薩斯（Thomas Robert Malthus, 1766-1834）的人口論認為：「人口呈幾何級數增加，而糧食則按算數級數有限的成長，糧食增產永遠趕不上人口增加，將來糧食不足，為社會最大的問題。」戰後世界各國為增加農業生產，利用現代化科技，加速作物品種改良，大量使用化學肥料、農藥，以及除草劑等化學物品，以達到糧食增產的目標，充分供應人類之所需。

這種過度使用化學肥料與藥劑的生產方式，往往造成對環境的嚴重污染與傷害，甚至因農產品的農藥殘留影響消費大眾的健康問題。有識之士，為挽救此一危機，積極倡導永續農業經營的理念，使農業經營與生態環境能夠互相調和。

永續農業經營偏向於在農業經營的過程中，避免過度使用化學肥料、農藥以及生長調節劑等容易引起環境污染的物質。而著重於農場廢棄物再利用，以及天然礦石等資材，並採用輪作及非化學藥劑等的雜草防除以及病蟲害防治方法，以維護地力的農耕方式。

廣義的永續農業包涵：

1. 維護自然生態環境。
2. 維持土壤的生產力與易耕性，以充分供給作物養分。
3. 水資源淨化與水土保持。
4. 輪作與施用農場有機廢棄物，無機的天然礦石肥料。
5. 非化學藥劑的病蟲害與雜草防治法。

狹義的永續農業是指有機農業栽培，是一種針對土壤、環境、栽培、病蟲害與雜草管理等技術面外，也應顧及生產成本、產量與銷售市場等經濟面層次，以及人類健康面的綜合性農業耕作方式。

有機栽培所生產的農產品稱為有機農產品，須由行政院農業委員會委託驗證機構（簡稱CAS驗證機構）審查通過核發CAS標章。有機農產品之生產，需經過具有公信力的CAS驗證機構查驗，並符合CAS有機農產品生產規範之規定，如：生產有機農產品之農地與鄰地之隔離或緩衝帶等措施；農地土壤與灌溉水之重金屬含量標準；不得使用任何基因改造種子種苗；育苗過程中不得使用任何化學物質；栽培過程中不得使用任何合成化學物質，包括化學肥料、農藥、殺草劑等。在實施有機栽培前需有一段轉型期：短期作物如水稻、蔬菜等轉型期為二年；長期作物如果樹、茶樹等轉型期為三年。須注意的是，轉型期間仍應在驗證機構輔導下，依據有機農業生產規範切實施行，惟有通過轉型期的查驗，符合嚴格的規範後所生產的農產品，才是真正的有機農產品。

一般消費大眾常認為有機農產品品質較一般栽培為佳，這點實有值得商榷的餘地，有機栽培的產品品質與產量在無充分肥料，與有效病蟲害防治的情況下，相對上可能會較差。另外，在衛生方面也同樣有商榷的餘地，其實大量使用有機肥的結果，產品有無受到不同面向的污染？並無任何數據予以證實。據新聞報導，美國曾發生由墨西哥進口的有機蔬菜，經民眾做成蔬菜沙拉生食後，感染猛爆性肝炎，引發多人死亡。經追蹤其產地，乃農民利用水肥做為有機質肥料，農產品受到污染，造成的傳染性疾病。因而為確保安全，雖是有機生產產品，仍應以熟食為主，不宜生食，民間所謂的生機飲食療法，取有機農產品打汁生飲，若其來源不明絕不可貿然食用。

非農藥防治——誘蟲盒

有機茶園確實遵照規範，在剛開始的幾年間，土壤肥料與病蟲害防治問題，頗難處理，但經過一段嚴苛的管理後，即能夠逐漸達到平衡的生態環境。生態平衡的結果，使茶園管理趨於正常發展，但在產量與品質方面，仍難與一般栽培相比。

事實上，有機農產品之生產，對農場廢棄資源的循環利用，不僅減少了垃圾量，且由於不使用化學物質，降低土壤與地下水的污染，維護自然生態環境，確實有極大的貢獻。但欲全面推動農業有機栽培，筆者認為不可行，在有限的土地上，有機農業生產，絕對無法供應人類之所需。如為個人興趣或特殊需要從事有機栽培，可以不計較產量與收入，則可試行；經濟栽培情況下的農業生產，合理化使用化學肥料、農藥，減少土壤與地下水污染，注意安全採收期，保證無農藥殘留，確保農業生產與品質等，才是農業經營所追求的最重要目標。

安全用藥最重要的是，農藥使用者必須切實遵守用藥規則，在安全、經濟、有效的原則下，慎選政府推薦茶樹可使用的藥劑，注意安全採收期，絕對不可以使用政府明令禁用的藥劑與來路不明的偽劣農藥，才能確保生產者與消費者的安全健康。

四、控制產期增加收益

目前台灣所產的內銷茶，以部分發酵的包種茶類為主，其茶菁原料的品質與產量，深受品種特性與季節性變動的影響。一般而言，茶依採收季節分為春茶、夏茶、秋茶、冬茶四季，其中以春茶與冬茶品質最佳，價格也最好。春茶受品種與氣候的影響較小，產量穩定，惟產期過度集中，常因採製人工缺乏而延誤採收。冬茶則受品種與氣候影響較大，產量不穩定，常影響茶農收益。因此，如何技術性的錯開春茶產期，解決採製人工問題；以及穩定和提高冬茶產量，確保茶農收益，成為生產技術改進的重要工作。

(一) 錯開春茶產期解決人工缺乏問題

茶樹的芽葉生長受茶樹生理的影響，在秋冬季節具有休眠性，休眠性的強弱影響翌年春天茶芽萌發的早晚。所以茶樹品種依春茶萌芽採收期的遲早，可分為早生種、中生種和晚生種三種。早生種萌芽期約在1月下旬至2月上中旬；中生種約慢7至10日；晚生種再慢7至10日左右。環境與栽培管理也可影響春茶的萌發，早春對茶樹生長不利的因子，北部為低溫，南部為乾旱。低溫可用敷蓋來保持土壤溫度，修剪樹裙增加地面陽光照射量提高土溫；乾旱則必須尋找水源，利用灌溉來克服，灌溉時氣溫不宜過低，以免造成土溫降低的不利影響。修剪也可刺激茶樹生長打破休眠期，掌握修剪時期以控制茶樹的萌芽。

利用品種特性錯開春茶產期

茶樹種植前即應規劃分區種植不同採收期的品種。適合製造包種茶的茶樹品種，早生種有四季春、硬枝紅心及台茶17號；中生種有青心大冇、台茶12號、13號；晚生種有青心烏龍、鐵觀音。選擇種植不同採收期的品種，可錯開採製時間約一個月左右。

利用冬季剪枝控制萌芽期

剪枝可促進茶樹萌芽，使春茶提前採收，惟太早修剪可能遇到寒流侵襲，反而容易造成寒害延後採收。一般在冬至後一週內剪枝，遭遇寒流的機會較少。如冬季期間不修剪，於春茶採收後再剪枝，春茶產量會提高，但產期會稍微延後。（如圖）因此，同一品種的茶園，亦可分區採取不同時間的剪枝方式，來錯開春茶產期。

控制修剪時期可調節茶菁採收期

配合管理措施調節產期

冬季敷蓋可以保持或提高土壤溫度，促進茶樹根部生長，提早萌芽與促進芽葉生長。中南部地區冬季乾旱，灌水應選擇氣溫較高的時候，於午後二至五點間實施，此時水溫較高可保持或提高土溫，有助於茶芽萌發與伸展。酌施肥料亦有助於萌芽，配合灌溉兼施液肥效果更為顯著。

(二) 調節冬茶產期以增加產量

台灣茶樹栽培品種多屬春茶型，春夏季節生育旺盛，夏末以後開始減緩。經春夏秋三季採收後，冬季茶芽密度較高，秋後日照時間短，光合作用產物不足以供應茶樹之所需；且秋冬季節正值茶樹生殖生長期，花芽需大量養分，都是導致冬季茶芽生長不良的原因。採用下列措施可穩定與提高冬茶茶菁產量。

調節採摘期

茶樹生長與溫度有密切的關係，青心烏龍在春冬季節氣溫較低時，每長一枚葉片約需7日，夏秋季節溫度較高只需5日；台茶12號生長速度稍快，每枚約少1日。因此，夏秋季手採茶園，兩次採收間隔青心烏龍約在45至50日之間，而台茶12號約在41至45日之間。茶樹在兩個茶季間需要有足夠的生長期，才能生產穩定與高品質的茶菁。為使冬茶生產穩定，中南部秋茶要在9月底前採收，北部地區要在9月上、中旬前採收完成。如果秋茶採收期預計晚於上述安全期限，應考慮提早於夏茶或6月白茶季開始各提早2至3日嫩

採，使秋茶能夠於安全期限內採收，冬茶茶芽即有足夠的生長期間充分生長。如此，夏茶嫩採雖略為減產，但可提高品質，冬茶產量卻可保證增加，就總產量而言還是會增加，而就產值而言，能使夏茶品質提高，冬茶增產，茶農收入當然會更好。

利用夏季修剪控制冬茶產期

中低海拔茶園所生產的夏茶價格低廉，如果利用此期間進行淺剪枝，也可調節冬茶產期。一般全年各季均採收的茶園，秋茶時採摘面的茶芽密度每平方台尺約有二百個，茶芽過密，使秋、冬茶茶芽短小，品質差收量少。實施夏季淺剪枝可降低茶芽密度，最好維持在每平方台尺一百二十個左右最適當。另外，應特別注意勿修剪過深，避免使葉片與茶芽數過少，因而減產。

適當的修剪日期以秋茶預定採收日期往前推，青心烏龍約46至48天，台茶12號約44至46天。

實施中耕與深耕以增加水的利用率

植物所能利用的土壤水分大多為毛管水，水在土壤毛細管內，並不會往下流失，上層土壤水分因植物根部的吸收與地表自然的蒸發，經毛細管作用，反而會使下層的水分提升到表土中，繼續供應植物利用。如果土壤表面久未耕鋤，毛細管保持太過完整，反而是造成土壤水分散失的主要原因之一。因此，實施中耕或深耕，以形成一層薄薄土壤敷蓋，可防止毛管水的蒸散。中耕切斷茶樹老根，促進新根發生，可增進冬季水分的有效利用，且有利於茶樹根部水分與養分的吸收。但是水源充足供水無虞的茶園，若土壤表面無明顯之結皮現象者，可省去中耕或深耕作業。

實施中耕可增加水分利用率

注意肥培管理

茶樹到秋季以後，冬茶生育期生長勢已逐漸減弱，此時，應酌施化學肥料作為追肥，經由灌溉水給予少量的氮素肥料，可促進茶樹芽葉之生長。發現秋茶芽葉顏色略黃，生長遲緩時，應在秋茶採收後以250至400倍的尿素水溶液進行葉面施肥，以促進芽葉的生育，確保冬茶收成。

五、茶園作業機械簡介

現代茶園規劃，配合機械化作業，均採寬行密植，行長以不超過50公尺為原則，超過50公尺時，應在適當位置預留2公尺寬的作業道，以利田間作業進行。茶園四周配合連絡道，也應有作業道的設置。茶園使用機械大致可別列述如下以供參考。

(一) 墾植機械

新闢或更新茶園開墾深耕，可用一般土木工程使用的挖土機、推土機。整地開溝可使用：茶園專用的開溝機、中耕管理機裝開溝刀、耕耘機附掛開溝培土器等機具。坡地等高耕作茶園，如果土層深厚可用鑽孔機挖土，但石頭多的地方恐難有效使用。

一般工程用挖土機

(二) 管理作業機械

1. 中耕：利用輕便型中耕機、中耕管理機、10馬力以下的小型耕耘機等附掛迴轉耕耘刀，進行中耕碎土作業。
2. 深耕：須使上下層土壤翻轉，以利深層土壤風化；截斷老根促進根群新陳代謝。耕犁深度應達20至30公分。使用機械有以二行程引擎帶動動力深耕爪、自

中耕施肥機

走式深耕機、碎土式深耕機、噴氣式深層施肥鬆土機等。

3. 除草：背負式割草機，有半軟管與硬管兩種，可附掛鋼板刀片或尼龍線割草器。其餘尚有手推式剪草機及乘坐式割草機。

4. 噴藥：如背負式噴霧機、動力微粒噴霧機、高壓動力噴霧機。近年農業試驗所研發的氣輔式高壓噴霧機在高莖旱作使用上效果甚佳，可有效的在平地或平台階段茶園使用。

5. 剪枝：有薄剪枝機、淺剪枝機、中剪枝機、深剪枝機和樹裙剪枝機，得視實際需要選擇適當機具。

樹裙剪枝機

(三) 採收機械

採收機械有單人迴轉式採茶機、單人水平式採茶機、單人往復式採茶機、雙人式採茶機。其中以雙人式採茶機效率高、效果佳，能控制平整的採摘面與茶菁品質。

為提高農業機械的使用率，降低生產成本，政府推動共同經營政策可有效的達到此目的。另外，代耕中心的成立也可減輕茶農對於機械的投資，是降低生產成本、提高競爭力的有效措施。

陸

茶葉的採摘

關於茶葉的採摘

茶葉採摘是茶樹栽培的收成，也是製造茶葉的開始，界於農業與加工業間的轉折點。採摘需注意芽葉的老嫩程度與品質，也需注意茶樹樹形的養成。採摘應嚴守「一心二葉」的原則，切忌粗採、濫採，以確保茶樹生長勢與茶菁品質。

一、採摘理論

茶葉採摘是茶樹栽培的收成，也是茶葉製造的開始；是茶業在農業與工業間不同階段的轉折點。採摘茶葉除需注意芽葉老嫩程度，與葉片數目等製茶品質層面外，還要注意到茶樹採摘高度，以及採摘面與樹形養成等栽培層面的問題。茶樹芽葉摘取作為製茶原料稱為「茶菁」，茶菁原料必須符合加工標準的要求，一般以新梢成熟度來判斷茶菁採摘適度，如以腋芽萌發長出新梢至對口葉展開（即駐芽）之成熟度為100%來計算，條型紅茶採摘適度約50%至60%，綠茶約為60%至80%，碎型紅茶與包種茶約為80%左右。因此，茶菁依製茶種類的需要適時採摘是製造好茶的最高原則。

茶樹種植後按正常的管理，約三至五年即可開始採摘芽葉，採摘之優劣精粗，對於茶樹生長、茶菁產量與製茶品質，均有極大的關係，尤其是與茶葉品質關係最為密切。茶葉之有效成分，自頂芽以下逐葉遞減，第一葉比第二葉為優，第二葉又比第三葉優，依此類推。一般而言，嫩葉所含的有效成分多，分生組織細胞全由纖維素組成，製茶揉捻不易破碎，能製成色香味俱全的優良茶葉；粗老葉片容易破碎，所製成的茶葉多碎末，沖泡時浮於水面，清淡無味，品質低劣。

茶葉採摘葉數應以多少為標準，一般認為：(1)一心一葉太過嫩採，茶菁產量少，精製茶外觀雖優美，但品質不及一心二葉；(2)一心二葉品質最佳，精製茶產量多，且製茶工時與一心一葉相似，毫不費功夫；(3)一心三葉在高海拔茶區所產的芽葉較幼嫩，與一心二葉品質相似；平地茶園如仍依包種茶採摘慣行的茶芽成熟度作業，即在80%的對口葉展開時採摘，則第三葉過度粗老，將影響整批成茶品質；(4)至於一心四葉以上濫採，不符合經濟原則，品質低劣，而且將造成茶樹生長勢受害，並不可取。

茶菁採摘以一心二葉為標準

至於採摘面的高度，配合每

年的淺剪、冬季或春季剪枝，茶樹逐年提高5至10公分，應視茶樹生長狀況與生長勢的強弱，再依實際需要配合中剪枝、深剪枝或台刈等作業，以恢復茶樹生長勢，並維持正常作業所需的採摘面高度。

總之，最有效的茶菁採摘方式，除應考慮不同茶類所需要的成熟度外，應視茶樹的養分吸收狀況，維持茶樹旺盛的生長勢，以獲得豐產質優的茶菁。

二、採摘原則

茶園經營者，欲提高茶葉的產量與品質，芽葉採摘原則，切忌粗採濫摘，應嚴守「一心二葉」之合理採摘習慣與技術。惟因茶園栽培管理情形與製茶種類的不同，而略有差異。

(一) 不同茶園之採摘

幼木茶園之採摘

幼木茶園自第三年起已有少量茶菁可採，其目的不在收量，而在於健康茶樹的培育與樹型的養成。切忌過度採摘，以免影響茶樹發育。採摘原則為不論春茶或夏茶，枝條務必伸展到五至七葉以上時，始能採一心二葉的摘心，第三次芽以後不宜採摘，留供茶樹營光合作用，提供根莖葉所需的養分，待冬季時再行淺剪。第四年如發育良好，可按標準的一心二葉採摘，若生育不佳，仍需照第三年方式採摘，以確保茶樹發育。

深剪枝後的茶園採摘

深剪枝後的茶樹，切忌重採（僅留魚葉）及密採，第一回春梢仍應俟其伸展至五至七葉以上始可採摘，其後視生育情形可依普通標準法採摘。

台刈後的茶園採摘

台刈後第一回芽不可採摘，應任其自然生長；第二回芽伸展至五至七葉後再實行摘心，秋茶時則以淺剪代替摘心。第二年以後視生育情形，可照普通標準法採摘。

老化衰弱茶園採摘

小葉種茶樹過度衰弱，應進行台刈更新。大葉種開始呈現衰弱即應加強肥培管理，停止採摘一、二年，冬季淺剪一次，以促進側芽萌發。大葉種茶樹切忌深剪，深剪不但不能恢復衰弱茶樹的生機，反而可能使茶樹枯死。

普通標準採摘

除上述特殊情形以外，成木茶園的採摘，依照不同茶類的需求，新梢至少伸展到本葉三至四葉以上時，採行標準的一心二葉採摘。若發生第二魚葉（比魚葉稍大但葉緣無鋸齒）時，切忌誤以為是正常葉而予以採摘，魚葉成熟後易脫落，其葉腋萌芽最弱，採至魚葉多會不萌發新枝。

(二) 不同茶類的採摘

綠茶

日本的蒸菁綠茶，產地氣候冷涼，肥培管理良好，茶樹生育旺盛，芽葉質地幼嫩，用蒸氣殺菁，多採一心三葉。在台灣氣候環境不同，仍以一心二葉為宜。龍井茶大多一年採摘兩次，分別在清明前或穀雨前，採一心一葉最適宜。

紅茶

紅茶採摘以一心二葉為最佳，一心二葉與一心三葉混合亦可。採一心四葉時，其第四葉已經老化，發酵困難，將影響茶葉品質。

包種茶與烏龍茶

包種茶以芽葉正開面成對口葉達

田間採茶情景

80%前後為採摘適期，以一心二葉為最佳原則，春茶或高海拔地區的氣候冷涼，芽質幼嫩，可採一心二葉或與一心三葉混合採摘。夏、秋茶溫度高，葉片容易老化，應嚴守一心二葉的採摘原則。

特殊茶類

中國傳統的茶葉，另有特殊的製法，採摘具筆尖形狀之茶芽，製成白毫銀針或攀針。枝條除去莖梗，將生葉逐葉取下，用心芽以下第一片葉製成者稱梅片。用第二片葉製成者稱瓜片，第三片葉製成者稱蘭花茶。一般採摘枝條末端，回廠後取葉去枝梗，按序分類調製，採摘功夫細膩繁複。

三、採摘季節與時間

茶樹的芽依著生部位不同可分為四種，新梢前端的芽稱為頂芽，葉柄基部的芽稱為腋芽，無葉枝條所附的芽稱為潛伏芽，樹幹偶發的芽稱為不定芽。茶樹具有頂芽優勢，在頂芽存在的情況下，腋芽生長會受到抑制，因此淺剪枝修掉頂芽，可促進腋芽萌發。一般自然生長的茶樹一年可抽三至四次新梢，若及早採摘茶菁打破頂芽優勢，一年可抽四至七次梢。

茶葉因採摘的季節不同，分為春夏秋冬四季茶：(1)在立春到立夏之間所採者稱「春茶」；在清明至立夏所採者即所謂「正春茶」；(2)「夏茶」為立夏到立秋之間採摘，期間自小滿至小暑間所採者又稱為「6月白」，大暑至立秋間所採者才稱「夏茶」；(3)立秋至秋分間採者稱「秋茶」；(4)寒露以後所採者稱「冬茶」；嚴格來說，「正冬茶」要在11月初立冬前後採摘。惟因各茶區的氣候條件不同，茶季的分野亦略有差異。

機採使採摘時間更易控制

茶菁水分含量的多寡，與天候、時間有密切的關係。雨天除葉片含水量高外，葉面也沾滿水分；陰天葉內水分含量多；晴天葉中水分少。當然，即使是在晴天，不同時間的含水量也都會有差異，早上水分含量最多，九點以後漸次減少，至下午四點達到最低點，過後再逐漸增加。一天中的採摘時間不同，多少也會影響製茶品質。一般而言，自日出至日落（上、下午六點之間）這段時間均可採摘。清晨採者稱為早菁，露水未開，品質略差，其味淡製茶率低；上午約九至十點露水乾了以後，至下午三至四點以前，這段時間採者稱為午菁，潤而不濕，品質最佳，其成茶色美味香，製茶率也最高。傍晚採摘者稱為晚菁，因飽受烈日照射，不免枯燥，品質較差。惟製造綠茶應特別注意，不宜採用中午時刻所採的茶菁，溫度過高如果攤開不及，堆積發熱的結果常造成**死菜**，影響綠茶的品質。

茶菁水分含量與成茶品質的關係，因製茶種類而有差異，在製作過程中，紅茶需經長時間的萎凋發酵，以水分含量少者為佳。包種茶類屬部分發酵茶，有朝露未消失不行採摘的習慣。日本的蒸菁綠茶，以水蒸氣殺菁，雨天所採的茶菁如不堆積，對品質的影響不大。

死菜

「菜」是指製茶的材料，也就是「茶菁」。在製茶過程中，未進行殺菁之前葉片內的化學酵素會自動轉化，稱為茶葉發酵。若茶菁採摘後處理不當，諸如堆積會產生熱量使溫度過高，造成內部酵素悶死而停止活動，這種茶菁即無法按照正常的製茶過程完成每一個製程，此時稱為「死菜」，所製成的茶葉，品質不佳。

四、採摘方法

傳統茶菁採摘以手採為主，過去只要談到採茶就讓人聯想到，山坡上一片翠綠的茶園，一群十七、八歲的姑娘，唱著山歌輕快的採茶畫面。曾幾何時，隨著工商業的發展，青年人口向都市集中，農村勞力趨向高齡化，近年來我們在各地茶區所看到的「採茶姑娘」，都是五、六十歲的年長婦人，甚至有七、八十歲高齡者。筆者認為，不久之後採

茶改場同仁與整裝待發的採茶「姑娘」

手採茶菁作業

茶姑娘就找不到了，全面機械採收是今後茶葉經營必走的道路。

不論是手採或機採茶園，為使茶芽整齊劃一便於採摘及人工調配，宜在預定採收日之前，先計算適當修剪日期，再決定採收日期。以秋茶而言，青心烏龍約在預定採收日前46至48日；台茶12號則在44至46日之間給予淺淺的修去頂芽，打破頂芽優勢，促使腋芽萌發，即可達到預期的目標。唯預估期間長短，應考慮到各季的溫度，溫度高期間較短，溫度低期間較長。

茶業改良場為解決人工缺乏與降低生產成本，於1980年代開始由日本引進採茶機，推行以機械代替人工採茶工作。1983年於南投名間茶區開始示範推廣，結果產量較手採為低，致當時茶農仍存觀望態度；1984至1985年繼續示範觀摩，不但大幅減少人工成本，全年茶菁產量均較手採者大幅提高。第三年（1985）名間茶區已達99%、竹山65%、宜蘭66%改行機械採收，至1986年以後平地茶園幾已全面改行機械採收。

茶園經長期機採後，茶芽密度增高，芽葉變得薄而小，尤以青心烏龍品種為甚，影響茶菁產量與品質。茶改場試驗的結果，在春茶採收後即行淺剪枝處裡，可降低茶芽密度22%至24%，茶芽百芽重亦有增加的趨勢，因此使得春、冬茶產量都有增加，春、冬茶占全年總產量比例也提高。

整齊亮麗的機採茶園

過去栽培茶樹，經濟採收年限可達三十至四十年，近年來，集約經營（以集約耕作的方式，提高單位面積的產量）矮化處理的結果，採收年限大幅降低，有些甚至十餘年就已衰老而必須更新。筆者認為茶樹栽培提早衰老的原因，是過度採摘的結果，觀察平地茶園採茶一年便多達五至七次，高海拔地區也有三至四次，茶樹是給採死而不是老死的。全年的新生芽葉全被採摘完了，營光合作用的葉子都沒了，不被餓死才怪呢！因此，如何克服機採的瓶頸，應是試驗研究單位的當務之急。

筆者在茶業改良場場長任內，積極推展茶菁全面機採工作，有同仁反映：「在山坡地上面有時連手採都沒腳路（站立的地方），如何全面機採？」筆者認為，既然連腳路都沒有，就不適宜種茶，該地一定是超限利用，違規種植茶樹，農業主管單位應嚴格取締，台灣茶業才能有真正好的發展。

田間機採作業情形

為克服機採缺失問題，筆者曾要求同仁們擬訂夏季留養計畫，在青心烏龍等生長勢較弱的品種，機採僅採收春、冬兩季，或再增加秋茶一季，春茶採收後即放任留養，充分提供茶樹光合作用產物。惟仍應注意按時施行病蟲害防治與肥培管理，以免病蟲害滋生成為傳染源。待預定採收之秋茶或冬茶前，依品種特性估計剪枝日期，進行淺剪枝，以控制產期。惟該試驗尚未完成，筆者已奉調離開該場。計畫執行期間筆者在宜蘭大同鄉玉蘭茶區，發現當地青心烏龍品種，每年都只機採春、冬兩季茶菁，夏、秋之際留養，已完全克服機採茶園的缺點，與筆者原先構想不謀而合。

若將茶樹一年採收兩季與採收四季來做比較，其茶菁產量應該不是一與二的比例。一年採收兩季時，由於夏、秋兩季留養期間光合作用強烈，茶樹生長旺盛，茶芽飽滿葉片肥厚，採收兩季的產量可能達到採收四季的三分之二。不足的三分之一可以利用擴大茶園栽培面積予以補足，除可提高茶葉品質外，並可減少廢耕、休耕農地所滋生的種種問題。而且春茶與冬茶的價格昂貴，也能增加茶農收入。此一措施，在農村勞力日益缺乏，全面機械採收時期即將到來前，研究單位應及早未雨綢繆，進行相關試驗研究工作。

五、農時與節氣

有關茶園栽培管理作業各章節，常使用東方人所特有的「二十四節氣」來說明作業時程。有些人誤以為二十四節氣是屬於陰曆，這是國人對於歷來使用以月亮環繞地球為週期的陰曆所產生的誤解。陰曆一年十二個月的日數少於陽曆一年十二個月的365天，累積二至三年的日數，陰曆就會比陽曆多出一個月份來。我們的老祖宗為使陰曆年每年都能夠維持在冬季過新年，發明了「閏月」予以調整，陰曆閏月有「三年一潤五年兩潤」的說法，閏月的那一年就有十三個月，有此調節機制下，使得每年的陰曆新年——春節，可以維持在陽曆的1月下旬至2月下旬之間，也因此陰曆與陽曆年年可以密切配合，生生不息的維持與太陽運轉的正確關係。

國人慣用的農民曆

農作物的生長是依照春夏秋冬的季節性來成長，也就是說，以地球環繞太陽為週期的陽曆在運行，陰曆閏月的調整還是無法配合農時，季節與曆法間每年都不一致，這要怎麼辦呢？聰明的老祖宗，其實早就知道太陽、地球與月亮間的三角關係，於是設定二十四個「節氣」來配合農作物的作業時程，使農業經營完全配合太陽的運行，依照季節達到春耕、夏耘、秋收、冬藏的農時。這種陰曆配合太陽運行節氣的曆法，一般稱之為「農曆」。

過去中國人慣用陰曆，又把陰曆配合節氣的曆法稱「農曆」，大家就誤以為節氣是屬於陰曆的。實際上每年二十四個節氣，在陽曆上都是固定的日期（或差一天），大家所熟知的「清明」是4月5日（偶爾在4日）；「冬至」是12月22日（或23日）。春分、秋分日夜平分，是太陽直射赤道；冬至夜最長、夏至晝最長，是太陽直射南、北回歸線的緣故；這些都是地球在黃道面運行的軌跡，故二十四個節氣實際上是屬於陽曆，不屬於陰曆。

使用陰曆為曆法的年代，節氣依照農時取個適當的名稱，就可全盤了解農事耕作的行事曆。採用陽曆的今天，仍能感覺到數千年來中國人所採用的二十四節氣，作為耕作季節的依據，仍然既準確又方便，不必硬記陽曆某月某日前，應該播種；某月某日要插秧，就像人一樣，取個姓名叫名字總比叫編號（學號）方便而且容易多了，實際上節氣就是陽曆的曆法，是陰曆與陽曆並行的另種形式，先人的智慧真令人佩服。

或許有人會質疑，現代這些節氣並未能與農時完全符合，事實上中國幅員廣大，當初是配合黃河流域的中原氣候來命名，但各個不同緯度的地方，該地的人都會依據實地情況而有所調整。台灣極南為北緯21°45’25”，極北為北緯25°56’30”，全島長達394公里，南北氣候已大不相同，就以水稻的耕作來說吧！南部的屏東與北部的台北間，農時相差達一個多月，所以農機代耕中心可以遊耕方式受僱，由南向北拉長工作期間，以增加農業機械的利用率，降低投資成本，提高收益。

表6-1 節氣與陽曆日期對照表

節氣	日期	節氣	日期
小寒	1月5日或6日	小暑	7月7日或8日
大寒	1月20日或21日	大暑	7月23日或24日
立春	2月4日或5日	立秋	8月7日或8日
雨水	2月19日或20日	處暑	8月23日或24日
驚蟄	3月5日或6日	白露	9月8日或9日
春分	3月20日或21日	秋分	9月23日或24日
清明	4月4日或5日	寒露	10月8日或9日
穀雨	4月20日或21日	霜降	10月23日或24日
立夏	5月6日或7日	立冬	11月7日或8日
小滿	5月21日或22日	小雪	11月22日或23日
芒種	6月5日或6日	大雪	12月7日或8日
夏至	6月21日或22日	冬至	12月22日或23日

柒

茶葉製造方法（一）

關於茶葉的製造方法

中國是最早發現茶樹，栽培茶樹，利用茶葉與研發茶葉製造方法的國家，是世界上茶產業的發祥地。自古迄今，利用鮮葉咀嚼、生煮羹飲、曬菁貯存、蒸菁做餅、輾碎塑形和殺菁炒製等製程，由藥用再逐漸發展為飲用。

一、製茶原理

中國是最早發現茶樹，栽培茶樹，利用茶葉與研發茶葉製造方法的國家，是世界上茶產業的發祥地。茶葉最先作為藥用，再逐漸發展為飲用。在利用過程中經由鮮葉咀嚼、生煮羹飲、曬菁貯存、蒸菁做餅、輾碎塑形和殺菁炒製等不同階段的發展，研發許多不同種類的茶葉。依製造過程與技術不同，大致上可歸納為六大類，茲將其基本製造過程概列如下：

【綠茶類—不發酵茶】
茶菁→炒（蒸）菁→揉捻→乾燥
【黃茶類——不發酵茶】
茶菁→炒菁→揉捻→悶黃→乾燥
【白茶類——部分發酵茶】
茶菁→萎凋→烘菁→輕柔→乾燥
【青茶類——部分發酵茶】
茶菁→日光萎凋→室內萎凋→炒菁→揉捻→乾燥
【紅茶類——全發酵茶】
茶菁→萎凋→揉捻→補足發酵→乾燥
【黑茶類——後發酵茶】
茶菁→炒菁→揉捻→渥堆→乾燥（黑毛茶） 黑毛茶→蒸（炒）→壓製→成型→風乾

生葉所含的物質，除有約75%至80%的水分外，主要的化學成分有多元酚類化合物、胺基酸、咖啡因及各種芳香物質。這些化學成分在製茶過程中參予化學轉化作用，都與成茶品質有一定的關係，影響成茶的色、香、味與品質的良窳。

茶葉依製造過程的發酵情形不同，可分為不發酵茶、部分發酵茶和全發酵茶三種。上述綠茶類與黃茶類屬於**不發酵茶**，不經過發酵的階段，將生葉直接殺菁；白茶類與青茶類屬於**部分發酵茶**，生葉都先經過短時間的萎凋發酵後再殺菁；紅茶類屬**全發酵茶**，生葉經過萎凋後直接揉捻，補足發酵後，進行乾燥，最大的差異是沒有經過殺菁的階段；黑茶類屬於**後發酵茶**，此類茶是特別經過一段渥堆的堆積發酵過程，常見的普洱茶就屬於黑茶類。

依上所述，**黑茶類**的製程是由生葉直接炒菁，未經過萎凋的過程，屬於不發酵的綠茶類。但是，據筆者了解普洱茶也有用部分發酵茶或是全發酵茶，再經渥堆階段而成，並不是全由不發酵茶經渥堆所製成、後發酵茶之重要過程就在「渥堆」，而所謂渥堆，是指茶葉製造過程中，揉捻以後在高濕的環境下，經過堆積接受自然或人工接種黴菌，使其發酵的過程。

茶葉製造分為初製與精製兩階段，部分發酵茶之茶菁經過日光萎凋、室內萎凋、靜置攪拌、殺菁、揉捻、乾燥等製成的成品稱毛茶或初製茶，這一系列過程稱「**初製**」。初製茶屬半成品，外型不整齊，滋味生澀或帶有菁味，需再經過分級、拔莖、篩分、揀剔與補火等整形加工過程，以提高茶葉品質，始成精製的商品茶，後半段過程即稱為「**精製**」。

二、萎凋的意涵與目的

部分發酵茶與全發酵茶都要經過萎凋的過程，由茶園採回的茶菁原料含水量高達75%至80%，芽葉細胞鮮活膨脹呈飽水狀態，經萎凋過程水分逐漸消散，使芽葉的彈性、硬度、重量、體積等逐漸降低，且變得柔軟，這種現象屬於物理性萎凋。另外，細胞水分的消散，使得細胞膜半透性的性狀消失，細胞中被細胞膜所分隔的某些成分，即滲入細胞質內相互接觸，藉著葉內所含酵素的催化作用，進行一系列的複雜化學變化，形成影響茶葉特有的香氣、滋味與水色等的化學成分，或成為這些成分的先驅物質，這種變化稱為**生物化學性萎凋**，或簡稱生化性萎凋。

日光萎凋（俗稱曬菁）

萎凋前期使茶菁葉片內的水分消散，引發內部發酵作用的環境；後期則是藉由攪拌來調節茶葉內部發酵的程度，以發揮茶葉特有的香氣和滋味。在萎凋過程中所發生的化學變化略述如次：

1. 蛋白質分解成胺基酸，形成其他化學反應的基質，與茶葉色香味的形成，有極密切的關係。

2. 醣類被消耗為推動其他生化反應的能源，產生與色香味有關的成分。
3. 多元酚類氧化酵素活性增高，促進發酵作用的進行。
4. 生化作用產生揮發性物質，成為香氣的主要來源。葉綠素被分解破壞，影響成茶外觀色澤。
5. 有機酸含量增加，兒茶素類氧化縮合生成茶黃質與茶紅質等，均能影響茶湯水色、滋味與口感。

茶葉在萎凋過程中，因內部多元酚類成分為茶葉本身所含的酵素催化，發生氧化聚合反應所產生的變化，這種變化同時也成為其他成分，如胺基酸類、胡蘿蔔素或脂質等變化的原動力，經一系列複雜的化學變化，結果形成影響茶葉色澤、香氣、滋味與水色的物質，這個反應過程就稱之為「**製茶發酵**」。

製茶發酵與酒類的發酵有別，酒類發酵是外加酵母菌所產生，製茶發酵是葉片內部成分的生化反應，一般消費大眾常不了解，而將兩者混為一談；另外，普洱茶的後發酵作用，雖有類似酒類製造外加微生物的化學反應，但又是另外一種形式的發酵，是製茶完成後再經黴菌的作用，故稱之為**後發酵茶**。

室內萎凋與攪拌是部分發酵茶發酵的過程

三、殺菁、揉捻、乾燥的意涵與目的

(一) 殺菁

農產品加工常利用高溫破壞植物體中存在的酵素活性，使其品質趨於穩定。在製茶過程中也有利用高溫，如鍋炒、蒸汽等殺菁的階段，急速破壞酵

殺菁作業情形

素的活性，以停止發酵與其他生化反應的繼續進行，使茶葉經由發酵過程所產生的香氣、滋味與水色趨於穩定。**殺菁**的過程中可使生葉組織軟化有利於揉捻工作，並可去除茶葉本身的菁臭味。

(二) 揉捻

揉捻是利用機械力轉動茶葉，使其相互摩擦，造成芽葉部分細胞組織受到破壞，使汁液流出黏著於芽葉表面，再經乾燥凝固，以便這些成分於沖泡時溶出茶湯。揉捻也有整型的作用，使茶葉捲曲成條狀，或經團揉成半球形、球形，增加外形美觀，使成茶體積縮小，便於包裝、運輸與貯存。

(三) 乾燥

自動揉球機

乾燥是茶葉經過高溫熱風處理，以破壞殘留於茶葉中的酵素活性；尤其是紅茶的製造未經過殺菁的過程，乾燥可迅速的破壞酵素活性，使發酵作用及其他生化反應完全停止，將茶葉品質固定在理想的狀態。

乾燥也使得葉片中殘存的水分迅速蒸發，讓毛茶含水量降至3%至4%，葉身收縮緊結，固定成條索狀或半球狀、球狀，以便長期貯存。乾燥也能引起若干化學成分的變化，如醣類在高溫下焦糖化所產生的焙火香等；亦可改善茶葉的香氣與滋味。

四、製茶機械簡介

茶葉製造過程中所使用的機械，因製茶種類的不同而略有差異，在不發酵的綠茶與全發酵的紅茶方面，均已開發完成一貫作業之大型機具，但在不

分發酵茶，與小規模的綠茶與紅茶製造方面，目前茶農大多是利用簡單的小型機械進行。

茲將製茶過程中各種機械名稱概列如次：

1. 萎凋：日光萎凋是在室外以曬場進行，熱風萎凋或紅外線萎凋則是在室內使用熱風機，或紅外線萎凋機進行。室內靜置與攪拌則以手工或靜置震動裝置代替人工攪拌（如圖）。
2. 殺菁：以炒鍋或電力炒菁機進行。
3. 揉捻與整型：有手動揉捻機、自動揉球機、蓮花型布球機、桶球機、整型機等。
4. 乾燥：有甲種乾燥機、乙種乾燥機。
5. 焙茶：焙茶屬於精製階段，過去以炭火與焙籠行之，現代有簡單小型的電力焙籠，以及可控制溫度與時間的電力焙茶機。
6. 包裝：真空包裝機。

電力炒菁機

攪拌專用的浪菁機

近年來小型製茶機械發展甚速，上列並未齊全，僅將一般常用者提供參考。

五、綠茶製造

綠茶屬不發酵茶，依殺菁方法的不同，分為炒菁綠茶與蒸菁綠茶兩種。**炒菁綠茶**是中國傳統的綠茶，如龍井茶、碧螺春、毛峰茶、眉茶、珠茶等；**蒸菁綠茶**是日本茶類，如煎茶、玉綠茶、番茶等，還有著名的玉露茶都是蒸菁綠茶。

在1980年以前，台灣綠茶外銷曾風光二十餘年，主要銷往北非洲的摩洛哥、利比亞、阿爾及利亞、突尼西亞以及中亞的阿富汗等國。以條形炒菁綠茶為主，適製的茶樹品種為青心大冇，以機械採收一心二葉或一心三葉茶菁原料為佳。為確保綠茶品質，宜當日採當日製作完成，隔日菁難為上品，茶湯顏色會由蜜綠色轉為蜜黃色，且較為混濁，缺少香味與活性。

日本煎茶製造以日本特有的**藪北品種**居多，所製的綠茶具有濃厚的海苔味，最高級的玉露茶尚有味素的味道。台灣亦於1965年引進日本煎茶的製法，仍以青心大冇品種製成，香味與藪北品種不同。日人喜歡早春茶，台灣春茶產期較日本春茶為早，在當時銷日供不應求。

【綠茶的製造工序】
◎炒菁綠茶
茶菁→攤放貯菁槽→炒菁→揉捻→整型初乾→乾燥
◎蒸菁綠茶
茶菁→蒸菁→初揉→揉捻→中揉→精揉→乾燥

綠茶品質以春茶最佳，秋冬茶次之，夏茶苦澀味太重為差。採茶時間以上午及下午較適宜，中午時段溫度太高，茶菁原料較難控制，積壓容易生熱，須小心謹慎處理，以免造成死菜，影響製茶品質。

茶菁原料進廠後隨即攤放於通風的貯菁槽上，保持適當的溼度，以送風方式盡速除去茶菁上多餘的水分，葉表水乾始能進行炒菁作業，否則葉面上的水分遇高溫會燙傷茶菁，增加揉捻之困難度，連帶使條索不均勻，粉末與副茶增多，影響製茶品質。雨水菁會使成茶茶湯水色較淡且混濁，滋味淡薄，香氣不揚，缺少綠茶特有的鮮活性與綠豆香。

茶菁在貯菁槽上放置時間以不超過八小時為原則，否則時間過長，茶菁失水所產生的化學反應，會自然造成茶葉部分發酵，不利於綠茶品質。

日本全自動化的蒸菁綠茶工廠

炒菁以高溫快炒為原則，一般視茶菁品種、老嫩程度與含水量多寡等而有所調整。通常圓筒型炒菁機上的溫度，維持在280℃至300℃左右，進菁後五至六分

鐘內快炒完成，立即卸料，以避免葉緣炒焦。若溫度不足，炒菁時間加長，會有悶黃現象。水分過多時，初期可採送風方式，以吹散部分多餘的水分，後期停止送風繼續翻滾直至炒熟卸料。另外，藉由炒菁機速度來調整筒內撥茶桿的翻動快慢，以使茶菁受熱均勻。換言之，調節溫度、時間與轉速，使其相互配合，以達到理想的炒菁效果。

煎茶與玉露茶

揉捻是藉用外力破壞葉內細胞組織，使汁液附著於葉表，於沖泡時易於溶出有效成分，加強茶湯之香氣與滋味。幼嫩原料揉捻壓力宜輕，時間宜短，達到條索緊結即可，以免副茶增加，顏色變暗灰色；粗老茶菁可延長揉捻時間，加重壓力使條索緊結。揉捻作業完成應立即解塊，進行乾燥作業。趁熱解塊可將多餘的水氣揮散，具有快速冷卻的功效，使成茶保持美觀的翠綠色。更重要的是，可避免結塊產生悶味，與乾燥不足產生酸敗現象。

直條形綠茶乾燥作業，初乾適當溫度以90℃至100℃為宜，含水率降到35%至40%時，應使茶葉回潤一段時間，再繼續進行乾燥作業。製造球形綠茶，則將回潤後的茶葉放置於桶球機內搖動，初期溫度較高，中期後酌減，至滿意的緊結程度再行卸出。此時仍處於高溫狀態帶有大量餘熱，應隨即攤開送風冷卻，以保持綠茶原味，不可堆積以避免造成悶味，影響茶葉品質。

再乾的溫度還是與初乾時相同，仍以90℃至100℃之間為原則；溫度過高時成茶將帶有火味；溫度過低，乾燥時間會加長，成茶色澤偏暗且茶湯較黃，影響品質。因此，乾燥的溫度與時間控制得宜，才能製成品質優良的綠茶。

揉捻的過程

捌

茶葉製造方法（二）

關於茶葉的製造方法

紅茶依製法與成茶形狀不同，分為條形紅茶（或稱功夫紅茶）與碎形紅茶兩種。二次大戰前以條形紅茶為主，戰後為節省製茶成本與迎合消費大眾的需求，印度與錫蘭等國，相繼研發碎形紅茶一貫作業製茶機械，使紅茶製造由手工邁入機械化生產的階段。

一、紅茶製造

紅茶屬**全發酵茶**，具有特殊花果香與濃烈之收斂性，茶湯顏色明亮艷紅，深受全球愛茶人士所喜好，是世界上生產最多的茶類，2004年世界茶葉總產量為323.3萬公噸，紅茶產量223.4萬公噸，占總產量的69.1%。在1970年以前紅茶是台灣茶葉外銷的主力，該年台灣茶葉總輸出量為21,000公噸，紅茶為11,000公噸，占總輸出量的53%。其後受到工商業發展與綠茶輸出的影響，台灣紅茶生產一落千丈，目前國內所需要的紅茶，大部分仰賴進口。

紅茶依製法與成茶形狀不同，可分為**條形紅茶**（或稱功夫紅茶）與**碎形紅茶**兩種。二次大戰前以條形紅茶為主，戰後為節省製茶成本，與迎合消費大眾的需求，印度與錫蘭等國，相繼研發碎形紅茶一貫作業製茶機械，使紅茶製造由手工邁入機械化生產的階段。同時也使條形為主的紅茶，轉變為以碎形紅茶為主的型態。

(一) 茶菁的揉切

條形紅茶製造工序

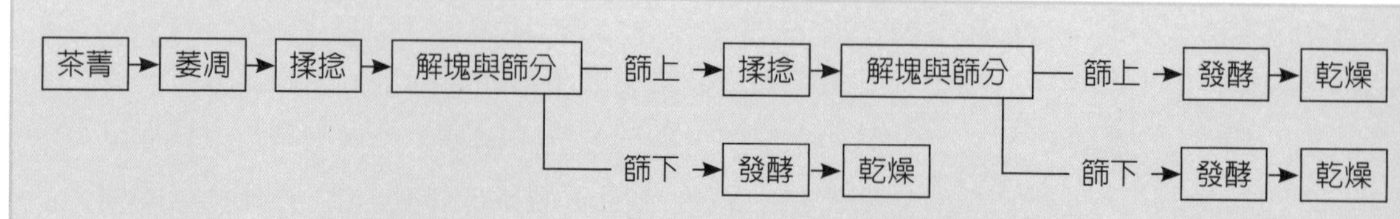

碎形紅茶製造工序

1.CTC（Crushing Tearing & Curling）揉切機：主要是由兩個具有菱形齒的金屬滾筒組成，分別反向朝內以不同轉速旋轉，高速滾筒轉速為每分鐘七百二十轉，低速滾筒轉速為每分鐘六十六轉。茶葉經二個不同轉速滾筒之壓榨、撕裂、捲曲而形成直徑約1公釐之顆粒狀碎形茶。其製茶工序為：

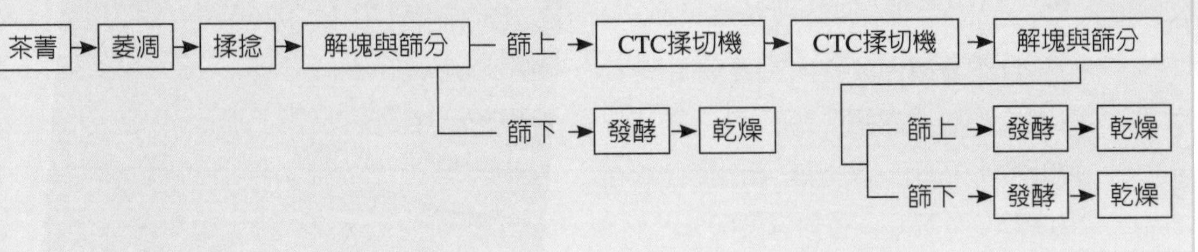

2.螺旋式壓榨機（Rotorvane）：類似大型絞肉機，藉圓筒內螺旋軸之旋轉，達到擠壓、緊揉、絞切的作用。萎凋茶菁原料經壓進切刀口，細切成寬0.4至0.8公釐的碎片，再送入無蓋的揉捻機（Open Top Roller）經短時間的揉捻。本機作業效率高，碎形茶比率也高是其優點。其製茶工序為：

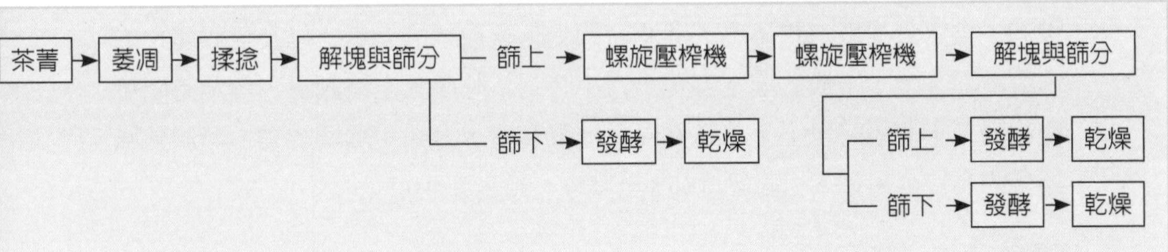

紅茶茶菁原料採摘之適度期，如以新梢長至駐芽對口葉開面之成熟度為100%時，條形紅茶之採摘適度約為50%至60%，碎形紅茶之採摘適度則以80%最好；採摘以一心二葉為原則，一心二葉與一心三葉混合採摘亦可。幼嫩茶菁低溫萎凋處裡，可製出特殊香氣的高級紅茶。經連續數日晴天後，所採摘的茶菁，能製出好品質的紅茶。一天中以早菁與午菁，品質為佳。

(二) 紅茶的萎凋

萎凋的速度與溫溼度、通風條件與攤菁厚度有密切的關係，高溫下萎凋速度過快，不利於葉片內含物的化學變化。紅茶萎凋可分為自然萎凋與人工萎凋，目前普遍採用人工萎凋。

自然萎凋

室內自然萎凋

自然萎凋係於室內設置萎凋架，每組約十層萎凋網，每公尺平方可攤菁0.6至1.0公斤。萎凋室溫濕度控制在溫度22℃至27℃，相對濕度60%以下。幼嫩茶菁原料以香氣為製茶重點時，採低溫萎凋；較粗老茶菁可適度提高萎凋溫度。進行萎凋時，隨著茶葉水分的蒸散，室內溼度逐漸升高，應利用抽風機以每秒0.5公尺速度將室內水汽排除，並由另一邊自然吸入新鮮空氣，以促進萎凋速率。

一般紅茶萎凋之適合程度約在55%至70%之間，萎凋葉含水分多者為輕萎凋，含水分少者為重萎凋。萎凋時間受茶菁原料的老嫩，以及氣候變化的影響差異甚大，一般約在十五至十八小時間。陰雨天空氣潮濕，萎凋時間可能超過二十個小時以上，可將熱風送進萎凋室，以縮短萎凋時間。萎凋熱風溫度約36℃至40℃，相對濕度65%至75%，風速每秒0.5公尺。

人工萎凋

人工萎凋可縮小萎凋室面積，以提供大規模生產。一般採萎凋槽，萎凋葉層間以透氣方式輸送熱風，溫度約30℃至34℃，風速每秒1公尺，攤葉厚度約30公分，萎凋時間約需六至八小時。雨水菁應先以冷風吹散葉表水分，再用加熱風萎凋。氣溫高、濕度低時，直接送入新鮮空氣即可，不必再使用熱風。

(三) 紅茶的揉捻

萎凋葉隨著揉捻的進行，多元酚類化合物也開始氧化，隨揉捻時間的延長逐漸加劇，一般紅茶發酵時間是以揉捻為起算點，充分揉捻是發酵的必要條件，揉捻應使葉肉損傷率達到80%以上，茶汁外溢，粘附於葉表，條索緊結。揉捻不足相對的發酵也不良，茶湯滋味淡薄且帶有菁臭味。

萎凋菁投入揉捻機揉捻筒內的標準量為每公升容積投入0.6至0.7公斤，直徑36英吋的揉捻筒約可容納150至180公斤。揉捻機轉速每分鐘約四十至四十五轉，初期不加壓力，然後逐漸加壓，中途要鬆壓數次，讓結塊的茶葉鬆散，並導入新鮮空氣，吹散因揉捻升高之熱氣，以促進發酵均勻。壓力應依茶菁老嫩程度而有所調整，幼嫩宜輕，粗老可提高壓力。以水色、滋味為重點，可增加揉捻次數。以形狀為目的時，萎凋要重，揉捻慢慢加壓，反覆進行三次以上之揉捻。

(四) 紅茶的解塊與分篩

解塊與分篩為紅茶特有的製程，將揉捻後結塊的茶葉解開，以散發積熱降低溫度。並將碎形茶與條形茶或老嫩葉分開，使老嫩葉均能充分揉捻，均勻發酵。解塊機迴轉速為每分鐘三百轉；篩分機多為振動式，長方形傾斜式裝置，迴轉速每分鐘一百六十轉，茶葉經過振動篩網後分開為不同粗細等級。篩目大小，配合茶菁葉質、揉捻方法與揉碎情況的需要，大致分為五、六、七、八目四種，一般篩下的比例約在20%至40%之間。

(五) 紅茶的發酵

發酵是影響紅茶品質的重要關鍵，揉捻為發酵之起始，但揉捻結束時發酵尚未全部完成，所以解塊與篩分之後，篩下部分在乾燥前，還要經過補「發酵」處理，使茶葉在最適當的條件下，繼續完成內部生化物質的轉化作用，形成紅茶特有的色香味和品質後，再完成乾燥作業。茶葉多元酚氧化酵素（Polyphenol Oxidase）是葉片中多元酚類成分氧化的催化劑，紅茶發酵關鍵在多元酚類氧化酵素催化兒茶素（Catechins）氧化聚合所形成，再進一步氧化聚合形成茶黃質與茶紅質等氧化物。茶黃質與紅茶茶湯的明亮度、鮮爽度與濃烈程度，均有密切的關係；茶紅質是紅茶茶湯的主體，收斂性弱，刺激性也較小。

水分是茶葉在發酵過程中，各種化學變化不可或缺的介質，發酵室相對溼度必須維持在95%以上，使葉片保持適當的含水量，發酵才能夠順利的進行。發酵台以玻璃材質最佳，攤放厚度條形茶（篩上）為6至9公分；碎形茶（篩下）為4至5公分。發酵過程中應注意保持室內空氣流通，提供足夠的氧氣，以促進發酵之進行，並排除發酵過程中所產生的二氧化碳。發酵時間與發酵室溫度及葉溫有直接的關係，春茶發酵時間約一百二十至一百五十分鐘；夏、秋茶九十至一百二十分鐘；冬茶一百五十至一百八十分鐘。

紅茶發酵除掌控內部化學變化外，外部組織特徵也隨著呈現規律性的變化。如香氣由菁臭味轉為清香、花香與果香。色澤由青綠逐漸轉變為黃綠、黃紅、紅、紫紅到暗紅色。發酵不足成茶色澤不夠烏潤，茶湯欠紅，帶有濃烈的菁澀味；發酵過度成茶色澤枯暗，水色紅黑，香氣低悶，出現酸餿味。因此，紅茶發酵適度，以葉片菁氣味消失、顏色變紅，出現濃烈的花果香時，為進行乾燥作業的最佳時機。

(六) 紅茶的乾燥

乾燥為紅茶製造的最後工序，利用甲種乾燥機經二次乾燥，第一次溫度為90℃至95℃，第二次酌降為80℃至85℃，使粗製茶含水量降至3%至5%為宜。利用高溫迅速破壞酵素的活性，在濕熱的乾燥過程中，讓紅茶發酵時所形成的色香味固定。並使茶葉中的水分蒸散，條索緊結，固定外型，成茶充分乾燥，保持茶葉品質。

紅茶經甲種乾燥機二次乾燥

(七) 初製紅茶分類

初製紅茶經過篩分精製後，可分成不同等級的茶類，其特徵分述如下：

1. **葉茶類**：外型規格較大，包括一些細長枝梗，可通過2至4公釐抖篩，長10至14公釐。
   (1) 花橙黃白毫（Flowery Orange Pekoe, FOP）：由幼嫩芽葉組成，條索緊卷均勻整齊，色澤烏潤，金黃毫尖多，長8至13公釐。不含粗大葉片、碎茶和末茶。
   (2) 橙黃白毫（Orange Pekoe, OP）：不含毫尖，條索緊卷，色澤尚烏潤。

2. **碎茶類**：外型較細小，呈顆粒狀或長粒狀，長2.5至3.0公釐，茶湯色豔味濃，易沖泡，是碎形紅茶中的大宗產品：

(1) 花碎橙黃白毫（Flowery Broken Orange Pekoe, FBOP）：由嫩尖組成，多由第一次解塊篩分而來，含大量毫尖，呈細長顆粒狀，形狀整齊，色澤烏潤，香味特濃，為品質最好的碎形紅茶。

(2) 碎橙黃白毫（Broken Orange Pekoe, BOP）：大多由嫩芽組成，包括八目下至十六目上的碎粒茶，長3公釐以下，色澤烏潤，香味濃郁，茶湯紅亮，是經濟效益較高的碎形紅茶。

(3) 碎白毫（Broken Pekoe, BP）：形狀與BOP相同，色澤稍遜，不含毫尖，香味略差，粗細均勻，不含片茶或末茶。

(4) 碎橙黃白毫片（Broken Orange Pekoe Fanning, BOPF）：從較嫩葉中取出，色澤烏潤，茶湯紅亮，滋味濃郁。小型碎茶沖泡容易，是袋茶的好材料。

3. **片茶類**（Fanning）：指由十二至十四目碎茶中風選出來，質地較輕的片形茶。

4. **末茶類**（Dust）：外型砂粒狀，三十四目底至四十目面茶，色澤烏潤，緊細重實，茶湯色深，滋味濃強。由於體積小沖泡容易，也是袋茶包裝的好原料。

二、部分發酵茶的製造

中國將茶葉分為六大茶類，其中白茶與青茶二大類屬於部分發酵茶，其主要產區在中國大陸的福建、廣東地區和台灣。台灣的部分發酵茶早期雖源自大陸福建，但二百年來海峽兩岸各自發展的結果，台灣部分發酵茶類之製法已完全脫胎換骨，具有自己獨特的香氣與韻味，而成為與中國大陸的部分發酵茶全然不同的茶類，聞名於全世界，其價格高於紅茶、綠茶等其他茶類甚多。因此，許多台商、茶農轉移陣地，到東南亞與中國大陸闢地生產「台式茶葉」，不但技術轉移，而且台灣適製部分發酵茶的「青心烏龍」與「台茶12號」等國寶級品種，也都已被輸出到種植地。惟目前因青心烏龍品種栽

培不易及當地人士僅只學到製茶動作，並未學到真正的技術訣竅，成功者尚少，對台茶的競爭還沒構成重大威脅，若產製銷業者再不能提高警覺，總有一天終將使台茶失去競爭力。

部分發酵茶的製造過程中首重萎凋，在日光萎凋與室內萎凋階段，決定成茶的色香味與品質的良窳，茲將各種不同部分發酵茶類製造工序列述如次：

1. **白茶類**：屬重萎凋、輕發酵茶類（發酵程度低於10%）：

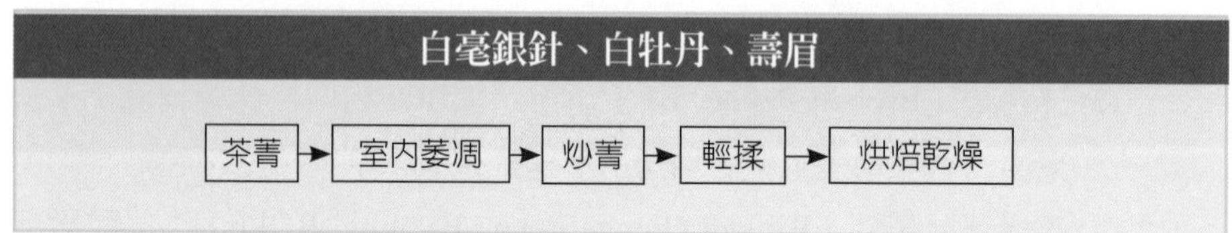

2. **青茶類**：又分為兩類：

(1)輕萎凋、輕發酵茶類（發酵程度8%至30%）：

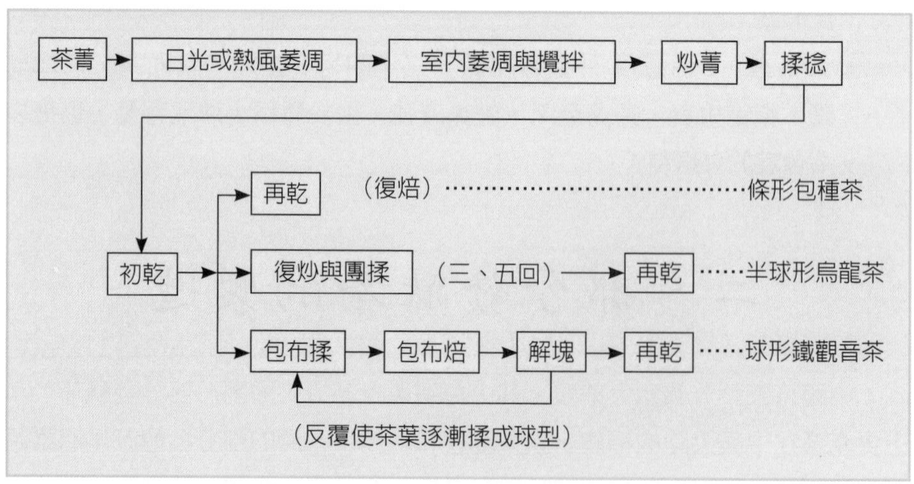

(2)重萎凋、重發酵茶類（發酵程度50%至60%）：

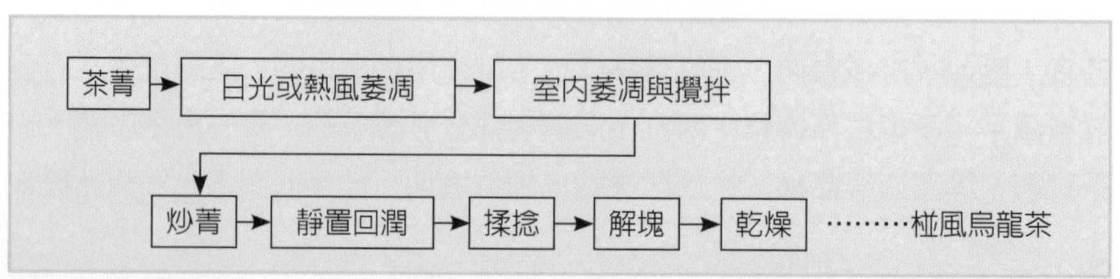

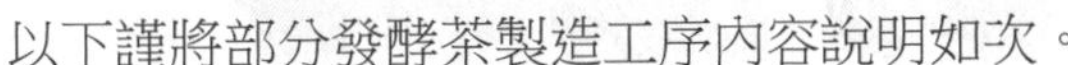
以下謹將部分發酵茶製造工序內容說明如次。

(一) 採菁

產製部分發酵茶，不論對於茶樹栽培或製茶技術，都以茶樹品種為中心，自茶樹種植、栽培管理、採摘時期、採摘標準以至於製茶方法，都有一定的章法。尤其在茶菁的採摘標準，更是各有不同的要求，如白毫銀針僅採一心；蓮心、椪風茶則採一心一葉；白牡丹採一心二葉；壽眉可採到一心三葉；包種茶採一心二葉。

著名的台灣包種茶（條形的文山茶與半球形的凍頂茶）、鐵觀音茶等茶菁原料，以新梢長到駐芽形成，對口葉開面而逐漸肥壯（幼嫩），或第一葉開展到第二葉面積三分之二時，採葉質柔軟、葉肉肥厚、淡綠色之嫩葉，嚴守一心二葉原則採摘最佳。過嫩採者茶湯滋味較苦澀；對口狀態之粗老葉片，茶湯滋味淡薄。製造包種茶並有下雨天不採，朝露未開不採的默契。不同時間採摘的早菁、午菁與晚菁宜分開製造，以利品質控制。茶菁入廠量宜妥善控制，尤其是氣溫高的時候，應避免鮮葉因悶熱變紅而成死菜，影響製茶品質。

(二) 日光萎凋與熱風萎凋

日光或熱風萎凋是為降低葉片細胞的含水量，使細胞內的成分經由酵素氧化作用而進行一系列的發酵。

日光萎凋法

日光萎凋係將茶菁攤於布埕或竹匾上，每公尺見方攤放0.6至1.0公斤生葉，置於日光下，葉面溫度（或稱日曬溫度）以30℃至40℃為宜，溫度超過40℃時應以紗網遮陰，以免原料曬傷變成死菜。萎凋期間視水分消散情況，輕輕翻動二至三次，使萎凋均勻。日光萎凋時

日光萎凋情形

間大約十至二十分鐘，陽光微弱水分消散遲緩時，可能會增長到三十至四十分鐘，視茶菁水分消散情形而定。

熱風萎凋法

當日曬溫度低於28℃或下雨天不出太陽時，應以熱風萎凋取代日光萎凋。**熱風萎凋**有二種方式：一為設置萎凋室，茶菁攤放每平方公尺約0.6至2.0公斤，室內設新鮮空氣對流出入口，溫度維持在35℃至38℃為宜。利用乾燥機或熱風爐將40℃至45℃的熱風導入萎凋架下方，不可直接吹向茶菁，萎凋時間一般為二十至五十分鐘。另一方式為將生葉攤放於萎凋槽，厚度約5至10公分，由送風式萎凋機以每分鐘40至80公尺的速度，將35℃至38℃的熱風吹向萎凋槽，進行中需輕翻茶菁二至三次，使萎凋均勻，雨菁需多翻動數次，萎凋時間約十至三十分鐘。

不論是日光萎凋或熱風萎凋，萎凋程度均於茶菁重量減少8%至12%的時候完成。此時觀察茶菁，其第二葉或對口第一葉之光澤已消失，葉面呈波浪狀起伏，以手觸摸有柔軟感，菁臭味已消失而有茶香。

(三) 室內萎凋與攪拌

室內萎凋

經日光或熱風萎凋後的茶菁，移入常溫狀態的萎凋室，以每公尺見方0.6至1.0公斤薄攤於竹匾上靜置一至二個小時，使水分繼續緩慢的蒸散，當葉緣呈微波浪狀時進行第一次攪拌，攪拌時伴隨著茶葉內部的發酵過程。**室內萎凋與攪拌**時，須翻動茶葉使走水平均，攪拌時茶葉互相摩擦破壞邊緣細胞，使空氣容易進入葉肉細胞，促進茶葉繼續發酵，形成包種茶特有的滋味和香氣。

第一次攪拌時動作宜輕，時間約一分鐘。攪拌次數一般約三至五次，動作逐次加重，時間加長，攤菁厚度逐次併盤增厚，攪拌後靜置時間逐次縮短，每次約六十至一百二十分鐘。如於春、冬季或午夜低溫時，在最後一次攪拌後，宜將茶菁裝入高約60公分之竹籠中靜置，促進葉溫增加，加速發酵作用進行，以產生特有的滋味和香氣。最後靜置的時間約六十至一百八十分鐘，在菁臭味消失，散發出清香味道時即可進行炒菁。

攪拌時應注意動作的輕重，第一、二次攪拌時動作宜輕，將葉片輕輕波動翻轉即可，過重容易使生葉受傷，引起包水現象，成茶外觀呈暗黑色，水色黃而滋味苦澀。攪拌不足則香氣不揚，甚至有菁臭味，應特別注意。若萎凋與攪拌發酵正常而緩慢進行，葉緣就會逐漸轉呈紅褐色，產生所謂的「綠葉鑲紅邊」現象，此為包種茶（烏龍茶）製造過程中最適當的發酵程度。

室內攪拌

(四) 炒菁

炒菁

炒菁是以高溫破壞茶葉酵素活性，抑制繼續發酵，以保持香氣和滋味。可利用炒鍋或炒菁機進行炒菁作業，炒鍋鍋面溫度為160℃至180℃，炒菁機鍱溫度以250℃至270℃為宜，初炒時有「啪、啪」聲響，炒至無菁臭味，握於手中感覺葉質柔軟具彈性，且芳香撲鼻即可卸出進行揉捻。炒菁過度時會呈現葉片炒焦葉緣刺手；反之，起鍋太早茶菁未炒熟成茶紅梗帶有菁味；須知過與不及均不適宜。

(五) 揉捻

條形包種茶之揉捻

炒菁完成卸出鍋後即以手翻動二至三次使熱氣消散，即投入揉捻機筒內進行揉捻，條形包種茶外觀不重視芽尖與白毫，揉捻可稍重無妨。對於較粗大葉片，為改善其外觀，宜採用二次揉捻，第一次揉捻六至七分鐘後，稍予放鬆解塊揚去熱氣，再加壓揉捻三至四分鐘，可增加成茶外型之美觀。

半球形包種茶之揉捻

半球形包種茶之揉捻包括初揉、初乾與團揉三大步驟。經團揉的過程，才能獲得獨特的外觀與風味，團揉時溫度（火候）、壓力與水分消散速率等的控制，對外觀與滋味品質影響極大。初揉與上項條形包種茶之揉捻相同，然後將初揉茶葉解塊置入乙種乾燥機中初乾，待茶葉表面無水分，以手握之有彈性不黏手（俗稱半乾狀態），此時已近午夜，可將其攤平於竹匾中，貯放於避風處，待天明後再繼續進行團揉作業。

團揉前將初乾之茶葉放入炒菁機、或焙籠、或乙種乾燥機中加熱，使茶葉回軟，當葉溫達到60℃至65℃之間時，卸出裝進特製的布巾或布球袋中，以手工或布球揉捻機繼續進行團揉作業，作業時應適時解袋鬆茶、加熱、再團揉，多次反覆進行，使茶葉中水分逐漸消散，茶葉外型也隨著緊結，依團揉次數多寡，茶葉會呈現球形或半球形的不同外觀形狀。

團揉——包布揉

(六) 乾燥與焙火

乾燥機乾燥法

揉捻後的茶葉以甲種或乙種乾燥機進行乾燥作業。量多時可使用甲種乾燥機，進口熱風溫度約為100℃至105℃之間，攤葉厚度為2至3公分，所需時間為二十五至三十分鐘。如葉質過於老化，可配合二次揉捻，採

乙種乾燥機

用二次乾燥，將初乾的茶葉取出攤涼回潤再複揉整形後，以80℃至90℃的熱風進行第二次乾燥，使成茶條索美觀。量少時可使用乙種乾燥機進行乾燥作業。乾燥時應使初製茶的含水量降到3%至5%，以便於貯藏確保品質。

焙籠乾燥法

進行初焙時將揉捻後的茶葉攤放在焙籠中，每籠約2公斤，焙坑上的溫度約在105℃至110℃之間，並按時翻動茶葉使乾燥程度均勻，翻茶時應將焙籠移出焙坑，以避免茶末掉落焙火中燃燒燻煙，使茶葉帶煙燻味道，影響品質。初焙時間約為三至八分鐘完成，取出攤涼三十至六十分鐘，使葉中水分消散均勻，再回籠進行複焙，焙籠上的茶葉量可較初焙時增加1倍，火坑溫度略降約在85℃至95℃之間，烘焙時間約四十至六十分鐘，含水量也應該降到3%至5%之間，以保持茶葉品質。喜愛較高「火香」的消費者，烘焙時間可酌予延長至九十至一百二十分鐘，即可提高茶葉的火味香。

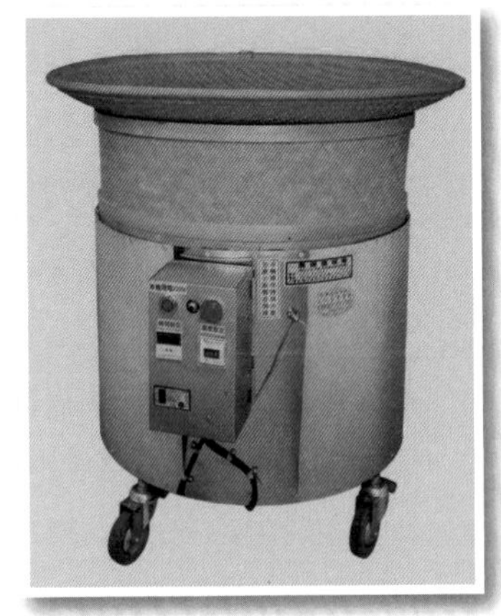

電器焙籠

三、各種部分發酵茶比較

由於萎凋程度、發酵程度與揉捻方式的不同，部分發酵茶可概分為條形包種茶、半球形包種茶、白茶類和椪風烏龍茶四種。在製程中主要的差異表列如下：

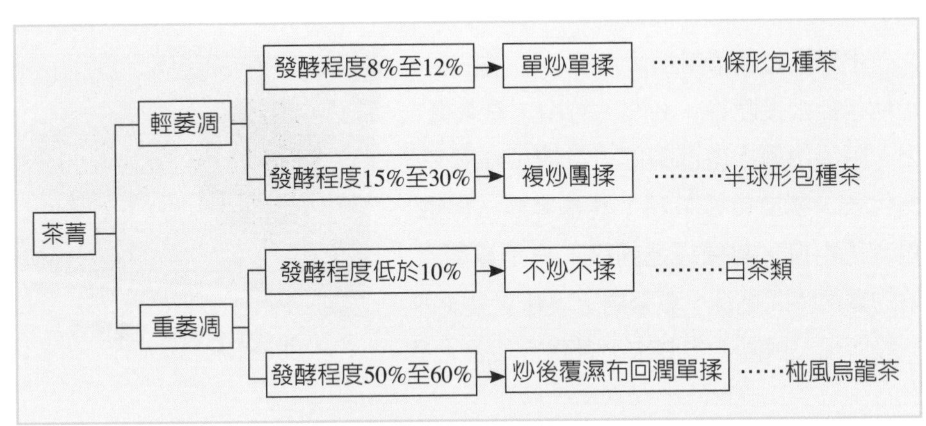

以下謹將台灣產製的幾種部分發酵茶類特色分述如次：

(一) 條形包種茶

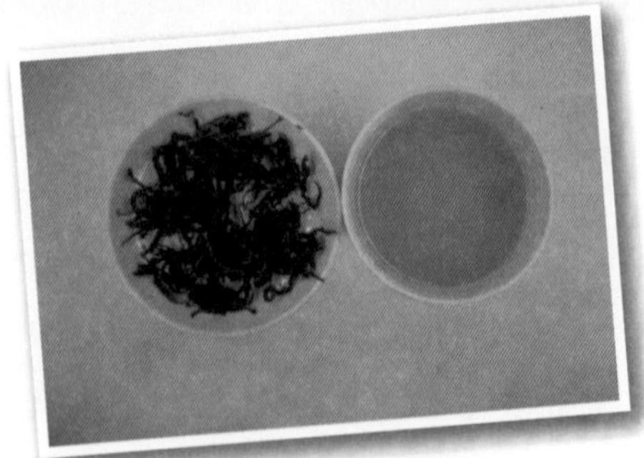
條形（文山）包種茶

條形包種茶以台北文山、南港以及宜蘭地區為主要產地，外形呈條索狀自然彎曲，茶湯蜜綠色（黃中帶綠），具濃烈幽雅的花香，為特重香氣的茶類，俗稱「清茶」。日本御茶水大學山西貞教授，曾到桃園埔心茶業改良場參觀，喝過文山包種茶後，一直認為這種花香是填加進去的，應該屬於人工加味茶，不相信台灣包種茶所具有的特殊花香是天然的，她認為茶葉本身並不具有這種香氣，日本所生產的茶就沒有這類花香，除非是人工加味茶才有可能。當天茶改場正好有採茶製茶，她從早上八、九點跟著到田裡看著採菁，回到工場看到日光萎凋、室內萎凋與攪拌，接著炒菁、揉捻，都不曾離開一步，直到第二天凌晨乾燥完成，喝到且聞到新茶幽雅的花香，才相信台灣茶的特殊花香確實是天然形成的，沒有加入任何人工香料，回到日本以後大力推薦台灣的包種茶與烏龍茶，成為台灣茶在日本的活廣告，後來在台灣也親自參與製茶過程中香氣生成之相關研究。此事也讓吾人感覺到日本人做事的認真與負責，難怪其國家之所以會興旺，不是沒有原因的。

(二) 半球形包種茶

半球形包種茶（凍頂茶）

半球形包種茶俗稱「烏龍茶」，主要產地包括南投鹿谷、名間、竹山，嘉義梅山、阿里山等中南部茶區，以凍頂烏龍茶為代表，屬於包種茶類，其基本製法與鐵觀音茶相似，都須經過團揉。只是鐵觀音茶的團揉時間更長、更緊結，火味更濃（即一般所稱火候高），要求火香融合茶香，是重喉韻的茶類。

半球形包種茶具有源自茶葉本來的幽雅香氣，茶湯滋味醇厚甘潤，明亮清澈。市面上皆冠以地名如凍頂烏龍茶、梅山烏龍茶等稱之。**高山烏龍茶**是指海拔超過1,000公尺以上的地方，所產製的輕萎凋輕發酵茶類，萎凋程度不超過15%，也經過反覆團揉的過程，茶湯顏色豔綠晶瑩剔透具優雅的清香，外國人誤以為是綠茶類而稱之為Green Oolong Tea。

(三) 白茶類

白茶為重萎凋輕發酵的茶類，其製法特異，靜置不攪拌，不炒不揉，直接焙乾。成茶外表披滿白毫，色澤顯白，故稱白茶。為中國大陸特產茶類，主要產地在福建的福鼎、松溪、建陽等地，有白毫銀針、白牡丹、貢眉、壽眉等。台灣目前生產極少，惟在茶葉多元化的需求下，不失為值得考慮的發展茶類。

白毫銀針

(四) 椪風烏龍茶

椪風烏龍茶是台灣特有的茶類，市面上又稱「台灣烏龍茶」、「白毫烏龍」、「香檳烏龍」或「椪風茶」。

台灣烏龍專指椪風烏龍茶，與現在俗稱「烏龍茶」的半球形包種茶（即凍頂烏龍茶類）完全不同，過去曾為台茶外銷的主力，高級品稱「椪風茶」，普及品稱「番莊」，另有稱之為「白毫烏龍」者，乃要求芽尖白毫顯露之意。主產地在新竹峨眉、北埔，苗栗頭份、頭屋。在台灣所產的部分發酵茶中，為發酵程度最重的茶葉，葉中兒茶素類成分有50%至60%被氧化。

白毫烏龍（椪風茶）

「**回潤**」是椪風烏龍茶特有的步驟，炒菁後用浸過水的濕布包裹悶氣，靜置十至二十分鐘，使茶葉回軟，觸摸無刺手感，避免在揉捻過程中形成碎葉，茶芽破損，且外觀容易成形。椪風烏龍茶外觀豔麗帶白毫，顏色呈白、紅、黃、褐、綠五色相間有如花朵，茶湯呈琥珀色，滋味濃醇甘潤，略帶熟果香或蜂蜜香。

每年夏天自芒種到大暑之間，採摘青心大冇等品種受小綠葉蟬危害的幼嫩芽葉產製的台灣烏龍茶，具有特殊的蜜香味，為最高級的台灣烏龍，特稱之為「椪風茶」。考其名稱之由來，據傳日據初期，新竹峨眉、北埔地區，尚屬交通不便的山區，茶樹栽培已是當地的主要作物，但是春夏之際，小綠葉蟬危害極為嚴重，茶樹幼芽嫩葉幾乎被蟲啃盡。台灣農民一向勤儉，有一老農眼看茶葉雖然受害嚴重，但園裡尚有一些芽葉可採，捨不得棄置浪費，即著手採摘，多少採一些做成茶葉，自己飲用也好。結果製成幾十斤，眼看是用不完也就自己拿到市場去賣。於是肩挑手提辛苦的走到新竹車站，坐上火車，迢迢千里送到台北販售。鄰人知道以後都認為：這種受到蟲害嚴重的茶葉要賣給誰呀？別費心思了。那裡知道這些茶送到台北茶行試喝的結果，老闆驚為上品，全部以高價收購。老農回家後高興得笑不攏嘴，鄰人詢問有人要嗎？賣得如何？答曰：「不但全部被收購，而且價格非常好。」大家都哈哈大笑：「那種茶葉還能賣得高價？還真會膨風！」「是真的喔！沒膨風啦！」此後，大家就稱它為「膨風茶」，習慣上漸漸的寫成「椪風茶」。

近年來，茶業改良場利用這種受過小綠葉蟬危害，具有特殊蜂蜜香氣的茶菁原料，研發出各種不同口味的茶類，製成蜜香綠茶、蜜香紅茶，也製成半球形的蜜香烏龍茶（鹿谷農會商品名為貴妃茶；一般稱「煙仔茶」），不但價格不錯，而且普受消費者的喜好，在茶葉生產多元化的前提下，為極具發展潛力的新茶類。

(五) 鐵觀音茶

鐵觀音原來是茶樹品種名稱，又名紅心觀音，製成部分發酵茶具有獨特的風味，成品遂以品種名稱為「鐵觀音茶」。中國大陸的鐵觀音茶是以鐵觀音茶樹品種的茶菁為原料製成，成品多為清茶類。台灣的鐵觀音茶原料則有所不同，台北的石門鐵觀音茶原料是硬枝紅心；木柵鐵觀音茶茶菁原料除鐵觀音茶樹品種外，尚有以武夷、梅占為原料者。

台灣鐵觀音茶是指依照台灣鐵觀音茶的特定製造方法所製成的茶葉，屬重焙火甘醇回韻的茶類。所以中國與台灣間的鐵觀音茶在色香味上皆有所不同。這也是一般消費大眾，對於茶葉分類和名稱上的最大困擾。

鐵觀音茶樹

鐵觀音茶樹品種的由來有二種不同的說法，其一為福建安溪松林頭茶農魏蔭信佛十分虔誠，每日必供奉清茶於觀世音菩薩佛像前，某日，上山砍柴，偶見巖隙間有株茶樹，在陽光下閃閃發亮，深感奇異，遂移植回家精心培育，妥善照顧，採摘芽葉試製成茶，沉重似鐵，香味極佳，疑為觀世音菩薩所賜，所以名為「鐵觀音」。另一說法則是清乾隆年間，堯陽書生王士諒會諸生於南山之麓，見層石間有株茶樹閃亮奪目，異於其他茶樹，遂移植於南軒之圃，細心培育，採製成品，茶湯氣味芳香，令人心曠神怡。乾隆六年王士諒進京，攜茶拜謁相國方望溪，方相國將茶轉貢內廷，乾隆皇帝飲後垂詢堯陽茶史，奏曰：「此茶發現於南山觀音巖下」，遂獲賜名「南巖鐵觀音」。

台灣鐵觀音茶特殊的製造過程，是毛茶初焙尚未充分乾燥時，即用方形布巾包裹，揉成球狀，用手輕輕在布包外轉動揉捻後，將布包放入焙籠中，以文火慢慢烘焙，使茶葉形狀逐漸彎曲緊結，經多次反覆進行焙揉，茶葉中的成分，藉由焙火的程度，逐漸轉化其香氣與滋味，成茶經多次沖泡，仍然芳香甘醇而有回韻。近年來改以布球揉捻機進行團揉，簡化反覆焙揉過程，香氣仍佳，但滋味喉韻已不及傳統鐵觀音之韻味。

優良的鐵觀音茶，品質要求條索重實、捲曲、壯結，呈青蒂綠腹的蜻蜓頭狀。外觀色澤鮮潤，砂綠顯現，葉表帶白霜。茶湯琥珀色，濃艷清澈，香氣馥郁持久。滋味甘鮮喉韻強，入口回甘。葉底肥厚明亮，具絲綢表面般光澤。

四、茶葉的精製

現代茶葉製造，紅茶與綠茶一般不分，初製與精製，多以一貫作業機械化完成。至於部分發酵茶類的製程，初製茶需再經過精製的程序予以分級整形。精製一般以手工與機械配合，需將初製茶分級、拔莖、篩分、揀剔與補火等整形作業，始成為精製的商品茶，茲將精製過程分述如次。

(一) 分級

初製茶完成後依據茶葉標準鑑定法，鑑定其品質等第，予以分級，按級分別進行精製。初分為正茶與副茶兩種，正茶約占75%至80%，包種茶正茶再分為特級、高級、中級、普通與標準茶等五級。台灣烏龍茶分為特級烏龍茶（即椪風茶）、高級烏龍茶與標準茶三種。副茶約占20%至25%，都各分四級，分別為茶角、茶末、茶梗；而最後級別，包種茶稱茶頭、台灣烏龍茶稱為茶片。

(二) 篩分與整形

高級茶類如椪風茶為保持良好的形狀，通常不須經過篩分即逕行揀選作業。一般茶類不論條形或半球形茶類，都先以圓篩依粗細大小的不同加以篩分，以提高精製茶正茶的比例。篩選以二分手篩進行，輕輕搖動篩子，篩上較大的茶葉用手指頭捏斷，反覆數次動作要輕，至將篩上茶葉全部篩淨為止；篩下茶葉再以較細之一分八釐手篩篩過；篩上與篩下分開為二個等級。

至於用桶球機製造的大宗茶葉，則以一分四段平篩加以篩分，篩上約占三分之二，篩下占三分之一。篩分後使茶葉粗細、長短大略區分，整體形狀較整齊美觀，整形作業也告完成。

(三) 揀茶

揀茶乃將老葉、茶梗、黃片及其他夾雜物全部揀去，在過去，少量時將茶葉放置於竹匾上攤平，多量時置於帆布輸送帶上自動運轉，用人工揀除。

特級台灣烏龍茶（椪風茶）因茶菁採摘即嚴守一心一葉或一心二葉的原則製成，故一般均不需再經過揀茶的手續，成茶焙火後即可出售。

近代科技進步，自日本發展出「色彩選別機」後，除少數比賽茶外，揀茶作業大多藉由機械選別處裡，不再依靠人工作業。色彩選別機是以電子投射光線，利用不同顏色的色差感應，將茶梗、黃葉及其他夾雜物用高速空氣吹離。配合斷梗迴篩機作業，可達到精製一貫作業化作業的目的。茶葉的精製流程如下：

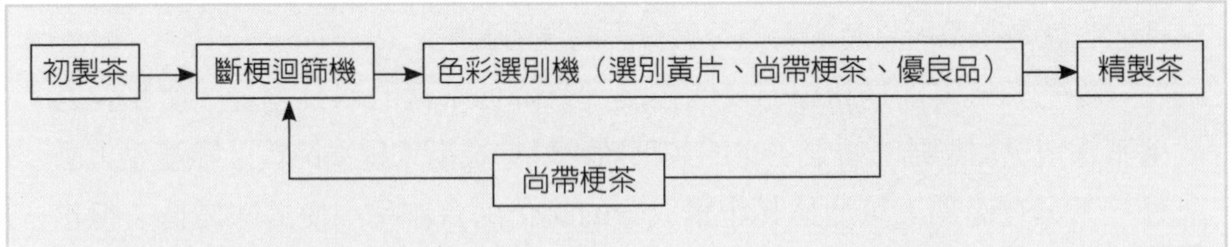

初製茶進入斷梗迴篩機，先將梗、葉分離，並將細碎粉末篩出，再進入色彩選別機，進行黃片茶梗、尚帶梗茶以及優良品等三種不同品級的選別。尚帶梗茶再回到斷梗迴篩機內，脫梗及精製選別，完成精製作業。

筆者到茶業改良場前，農業試驗所農業工程系已與霧峰天佑機械廠合作，發展出小型半球形茶葉選別機，並公開發表。筆者到茶改場後請農試所農工系提供協助，由茶改場與霧峰天佑機械場繼續合作，利用半球形茶選別機之原理，開發出條形茶選別機，並於2000年公開發表，與半球形茶選別機一起，由茶業改良場正式推廣農民使用。台灣自行開發的小型機械成本較低，適合小規模的茶農或產銷班購買使用；日本進口的大型色彩選別機，價格昂貴成本高，適宜代工廠商購用。

(四) 補火

為求茶葉品質劃一與穩定，有利於貯存，精製後的茶葉宜再以70℃至80℃的溫度焙火一至二小時。對於香氣不足的中、下級茶葉，可酌予提高溫度加重火候，使茶葉中的醣類在高溫下產生焦糖化，而具有炒米香或焦糖香，藉以提高茶葉品質與售價。

五、茶葉再乾與焙火

精製茶在分級包裝前，必須經過「再乾」的手續，在不改變茶葉原有的香氣、滋味與品質的原則下，再乾使茶葉的水分含量降到3%至5%之間，以確保茶葉貯存期間的品質。「焙火」時可賦予茶葉宜人的火香，是由茶葉中還原糖與胺基酸等成分，在高溫下進行的反應，以及醣類在高溫下焦糖化所產生。香氣不足的中下級精製茶，可以焙火來提高茶葉的香味。但具有花香、清香的高級茶葉，切忌高溫焙火，高溫焙火反而會使精製茶的品質降低，也就是茶葉所具有的天然香氣會因高溫而喪失。

再乾與焙火都是藉由溫度的控制，來降低茶葉的水分含量，使膨鬆的茶葉條索更加緊結。香氣不足的茶葉藉由烘焙技術來提高品質，除產生火香外，茶葉在高熱下可加速其化學成分的氧化縮合作用，使澀味減低；但也相對的降低茶湯活性，使水色轉為紅褐色。茶葉烘焙溫度以120℃為最高上限，超過120℃時茶葉極易碳化焦黑，而帶有強烈的火味炭燒味，茶湯顏色呈暗紅色，滋味淡薄而帶微酸，完全喪失茶葉本來的天然味道。

早年茶葉焙火是以炭火焙茶法行之，在「走火焙」（初焙）、「足乾」（充分乾燥）及「再火」等過程中，都是以木炭提供熱源，木炭原料一般以相思樹與龍眼樹為多。在室內挖掘約60公分深的圓形焙窟，再在上面架設焙籠，焙窟中投入木炭取火燃燒，走火焙時上覆少許稻殼殼灰，幾乎是以陽火

優質的茶菁才能製成上等好茶

狀態來進行；足乾時殼灰加厚，以陰火狀態進行烘焙；再火時覆灰厚度要較走火焙與足乾時更厚一些，以溫火狀態烘焙。

近年來電力普及，茶葉製成中烘焙作業改以電器焙茶機進行。茶葉在電器焙茶機中以80℃的溫度經二個小時再乾，不致改變原來的品質；經八至十小時的烘焙，茶葉化學成分的變化亦甚微，品質香味等均無多大變化。但是若在100℃的溫度下，經過四至六小時的烘焙，或在120℃的溫度經過二至四小時烘焙的情況下，茶葉中胺基酸與還原糖的含量已顯著的下降，雖能使茶葉帶有宜人的炒米香與焦糖香，藉以改善中、下級茶葉的香味品質，但在具有天然香氣的高品質茶葉，仍應避免高溫烘焙，與注意烘焙時間的長短，否則極易降低高級茶葉的品質。

實際上茶葉品質的良窳，應從茶菁品質與製茶技術分別著手，有優良品質的茶菁與高超的製茶技術相配合，才能製造出真正的上等好茶。焙火只能為中、下級茶葉以「焙火香」改善香氣的不足，中、下級茶葉絕不可能用烘焙的手段焙出高品質的茶葉。現代茶業經營往往著重於製茶技術，而不注重茶園栽培管理，導致茶菁品質低落，欲以烘焙技術來獲得好茶，實為緣木求魚的作法。茶農應該改變觀念，「重視茶園栽培管理工作，生產高品質的茶菁，然後再與高超的製茶技術相配合，才是製造高品質茶葉的根本之道」。

特殊茶類

關於特殊茶類

傳統的茶葉不管是不發酵的綠茶、全發酵的紅茶，或是聞名全球的部分發酵茶，包括烏龍茶、包種茶，製造過程都是在有氧的狀態下製作完成。本章介紹的特殊茶類包括：增加「渥堆」工序的後發酵茶類——普洱茶；經過厭氣發酵的——佳葉龍茶；經加壓成形的——磚茶、餅茶；再經研磨程序的——抹茶、粉茶；及萃取的速溶茶；以及與柑橘類水果加工合製的果茶等等。

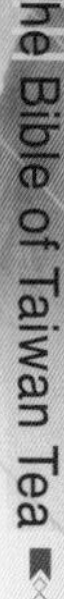

普洱茶、佳葉龍茶、磚茶、餅茶、抹茶、粉茶、速溶茶及果茶等，這些茶葉的製法均有別於傳統的茶類，而各具有其特殊之風味。茲舉其重者分別簡述如次：

一、普洱茶

普洱茶是中國雲南省所產製的特色茶，近年來，在網路上常有普洱茶的介紹，特別強調普洱茶具有抗氧化、防癌、抗癌的功效。因此，台灣消費者對於價格昂貴的普洱茶，也曾風行一時，筆者曾為文提醒消費者飲用普洱茶應注意安全衛生。茲將普洱茶在歷史上形成的背景與其特殊的製造方法，概略介紹如次。

普洱茶的形成是歷史的產物，從前交通不便，茶葉在雲南產製後，大多經過長期的運輸，前往中國北方，提供京城官宦商賈或西北的遊牧民族飲用。當時茶葉用草袋、麻布袋包裝，根本沒有防濕阻光的效果，運輸工具也靠馬幫來回運送，茶葉袋就安放在馬背上，經由「茶馬古道」，一路上日曬雨淋，茶葉吸濕性又強，到達目的地最少要數十日，在長時期不同氣候下，茶葉在馬背上就自然吸收空氣中的濕氣，形成所謂的「後發酵作用」。依據試驗發現，一般茶葉含水量如超過12%即開始長黴，曝露於相對溼度100%之下，逾15天即開始發生質變。所以普洱茶在這種運輸過程中產生的自然後發酵現象，後來就發展成人工控制下的「渥堆」。

中國大陸早年普洱茶的運輸路線有三條：

1.大理→思矛→北方（京）或西北。
2.大理→緬甸。
3.大理→泰國、老撾、越南。

普洱茶的茶菁原料有三種：台地、老樹、荒山。台地是經濟栽培的茶樹；老樹是從前栽植目前已成自然生長，間距較寬的茶樹；荒山是野地天然生長的茶樹。

普洱茶的製造工序為：

上述工序在電視節目《台灣腳逛大陸》中亦曾介紹，但未列有「渥堆」程序，就如前段所述，表示後發酵階段是由思矛經西雙版納到目的地的運輸過程途中，因氣候潮濕自然轉換完成。

另外，據中興大學食科所檢驗結果顯示，普洱茶生菌數含量極高。因此，為確保安全起見，建議消費者品飲普洱茶時務必採用煎煮中藥的方式，經過確實的殺菌過程後，再行飲用；不宜採用一般茶葉以開水沖泡的泡茶方式飲用，以確保安全衛生與健康。

不同包裝的普洱茶

二、佳葉龍茶

傳統的高品質茶葉製造過程中，必須提供充分的氧氣，才能獲得幽雅的香氣與甘醇的滋味。但在製茶的過程中，往往因人工或設備不足無法及時完成，而使茶菁堆積悶置而廢棄。1987年日本國立茶業試驗場津志田氏發現GABA Tea的製造方法：在製茶過程中，因堆積使氧氣提供不足，造成厭氣的情況，在這種厭氣環境下所製成的茶葉，含有高單位的γ-Aminobutyric Acid（γ-胺基丁酸；簡稱GABA）的成分，成為茶葉新製品，經命名為GABA Tea，中文名稱譯為「佳葉龍茶」，是一種優良的保健飲料茶，近年在南投名間鄉的茶葉產銷班曾以「加碼茶」的名稱產製銷售。

佳葉龍茶（GABA Tea）的製造工序，可分為綠茶類與包種茶類兩種：

1.綠茶類：

茶菁 → 以N_2或CO_2嫌氣處裡 → 炒菁 → 揉捻 → 乾燥

2.包種茶類：

茶菁 → 日光萎凋 → 室內萎凋 → 以N_2或CO_2嫌氣處理 → 炒菁 → 揉捻 → 乾燥

佳葉龍茶

依據醫學報告γ-胺基丁酸廣泛存在於人體腦髓細胞中，是抑制人體神經訊息傳遞的重要物質，人體本身即有自我生成γ-胺基丁酸的調節系統，缺乏時會自我生成。但是在自我調節功能失調時，體內γ-胺基丁酸成分不足，就會產生焦躁不安、疲憊憂鬱、沒有安全感、不耐疼痛，抗壓力低、失眠等不適的精神官能症。

一般緊張忙碌高壓力的上班族、運動員與憂鬱症患者，最容易缺乏γ-胺基丁酸，如能適時的予以補充，可以舒緩壓力和焦慮。對於婦女更年期的身心障礙，γ-胺基丁酸也有紓解安定的作用。對帕金森氏症、癲癇症與精神分裂症亦有紓解和緩的功效。日本學者大森正司等證實，γ-胺基丁酸對腎臟和肝臟機能具有正面的保護作用。

γ-胺基丁酸之保健功效作用機制，經學者歸納為下列二點：

1. γ-胺基丁酸可促進人體大量分泌Human Growth Hormone（HGH）生長激素，經人體試驗證實：只要提高5公克的γ-胺基丁酸，即可大幅增加HGH達5.5倍以上。HGH是人體恢復青春活力和抗衰老的重要成分，一般人年過三十歲，HGH的分泌即迅速遞減。
2. γ-胺基丁酸可有效抑制人體過度激化的神經訊息之傳導：抑制過度激化的神經訊息傳導，可促進人體放鬆鎮靜祥和與安眠，也可去憂鬱、抗焦慮、耐疼痛與恢復疲勞。

由於γ-胺基丁酸具有上述兩種神奇的功效，近年來歐美先進國家已藉由生物技術工程大量合成γ-胺基丁酸，積極的開發為恢復青春活力，與兼具鎮靜、抗壓、降血壓、去焦慮與憂鬱的營養補充劑（Nutritional Supplement）。

當日本學者發現茶葉經嫌氣性發酵處理，可自然產生高含量的γ-胺基丁酸成分以後，更積極開發GABA Tea（佳葉龍茶）作為日常保健之機能性飲料。日本農林茶業試驗場和神奈川農業綜合研究所，並於1998年共同合作開發出大幅提升γ-胺基丁酸成分的佳葉龍茶新製法。

三、餅茶與磚茶

餅茶為中國古老之產品，唐宋時蒸菁做餅做團。餅茶與一般民間的磚茶不同；餅茶的材料要求較高，而磚茶是以副茶做成。一般餅茶的製作方法簡單，僅以手壓完成，如要求外形美觀時，則須以模具壓製。至於**磚茶**的製作，應先將茶葉切碎成0.5至1公分大小，放入桶內以水蒸氣蒸煮變黃後，取出曬乾，然後再放入桶中蒸五分鐘，倒入模具內以65噸油壓機重壓兩小時，待冷涼後拆開模具，經10天左右的陰乾，然後再烘乾即成磚茶。

不同形狀的餅茶、磚茶

餅茶和磚茶除可供飲用外，亦可依特殊的涵義，壓製成外型美觀的造型作為禮品，以餽贈親朋好友，兼具品飲與保存觀賞的雙重價值。

四、抹茶

抹茶是日本高級綠茶，含豐富的胺基酸。茶葉採下，蒸菁乾燥後，在篩上加以揉碎，分開葉脈與葉肉，將篩下的葉肉片，放入石磨中，研磨成粉末狀的茶葉稱為「抹茶」，也稱「挽茶」。抹茶的飲法始於中國宋代，由榮西禪師傳入日本。飲用時

茶筅

取適量的抹茶，放入茶碗中，直接注入開水沖泡，用茶筅攪拌，數名客人共同輪流飲用，或是分開各自飲用。抹茶是將茶湯連同茶葉粉末一起飲用，可提供人體豐富的維生素、礦物質與植物性纖維質，同時達到飲茶喝茶的效果，著名的日本茶道所使用的高級抹茶，是用上等的玉露茶研磨而成。

抹茶

2001年，筆者應日本茶料理研究會邀請，前往東京都及靜岡縣做三場台灣茶的現況與發展演講，並順道參觀靜岡抹茶工廠，該工廠以傳統石磨，完全電腦自動控制製造，全場一千具石磨全年無休，用肉眼觀察不易察覺石磨有在轉動，也看不出有茶抹掉下來。據該工廠簡報，能看到茶抹掉下來，則顆粒已經太粗，石磨轉動極慢不能產生一絲絲的熱量，影響茶抹品質，一個石磨一天二十四小時只能生產750公克的抹茶，全廠一天產量只750公斤。抹茶都是特選極高級的綠茶為原料，價格極為昂貴。

五、粉茶

粉茶是由日本的抹茶衍生而來，將成茶如綠茶、包種茶等利用研磨機，磨成顆粒均勻，品質成分和外觀顏色一致的粉末茶，可保存茶葉中有益人體保健的成分。成品可直接或間接作為各式食品的調味料、著色料或改良食品的風味，在台灣與日本頗為風行。其製法簡單，但原料應該控制在優良的各種成茶，如採用一般茶末或角茶為原料，則品質與外觀顏色均難以控制。消費者應特別注意，「粉茶」與日本的「抹茶」之間，是完全不同的產品，兩者不能相提並論，目前台灣尚無抹茶生產。

六、速溶茶

速溶茶（Instant Tea）是由美國人於1948年開發完成，原是希望為茶葉帶來快速方便的不同飲用方式，不但具有原茶風味，而且能夠用熱水或冰開水沖泡，有如咖啡精般的快速便捷飲用方式。茶業改良場曾於1980年代初期，積極派員前往日本、丹麥及瑞典等國研習相關技術與機械設備之使用方法，並自丹麥進口速溶茶萃取機械（可做為各種食品加工用機械，如仙草精等萃取），可惜因茶葉本身香氣成分極不安定，成品在極短的時間內即完全失去原有的香氣與韻味，並未達到預期的理想，該場由丹麥引進，價值新台幣四千餘萬元的機器設備也因而閒置，無法推廣而實際從事商業生產。

速溶茶的製造是將茶葉中的水溶性成分，萃取後經濃縮乾燥而成的顆粒狀粉末。其製造過程為：

原料茶 → 熱水萃取 → 過濾 → 濃縮 → 泡化 → 凍結造粒 → 冷凍乾燥 → 成品

在製造過程中，茶湯經過逐段萃取提高濃度後，再經噴霧乾燥的過程，最後也可得到速溶茶成品。

七、袋茶

袋茶（Tea Bag）實際上為求攜帶沖泡方便，在包裝上稍做改變，以不織布為材料將碎茶定量包裝，攜帶方便可隨時放入杯中沖泡，但如忘記將茶包適時取出，往往使茶湯苦澀難喝。近年來，生產業者使用條形或半球形之原茶為原料，已使袋茶品質大為提高。

袋茶

八、老茶

老茶又稱陳年茶、陳年老茶，是將茶葉諸如凍頂烏龍茶、文山包種茶、鐵觀音茶等經數年，甚至數十年的長期貯藏而成。貯藏期間要注意勿使茶葉受潮，必要時可出倉加以再乾焙火，以避免因受潮發霉產生陳味。陳年茶初期貯藏一段時間以後，沖泡時會有微酸的感覺，此味道再經一段時間會自然純化。老茶茶湯顏色紅黑色，香氣已淡化，但苦澀味消失，雖有點陳味，卻極為順口，部分愛茶人士特別喜歡陳年老茶。

九、果茶

台灣客家庄流傳已久，以橘柚類水果與茶葉製作的果茶，擠壓製成扁球型，獨特的包裝，外表漆黑，繫上紅色或白色絲帶，特別醒目。果茶切碎酌加冰糖沖泡能潤喉解渴，是具有特殊風味的健康飲料茶，深受愛茶的地方耆宿所喜愛。惟製造過程繁複費時，且易受氣候變化的影響，製作成本又高，目前僅在北部或東部的客家部落，偶爾尚能看到一些零星的製造，但品質差異甚大，一般消費大眾對果茶的認識不多，真正喝過的人就顯得更少了。

茲將果茶製作工序表列如次：

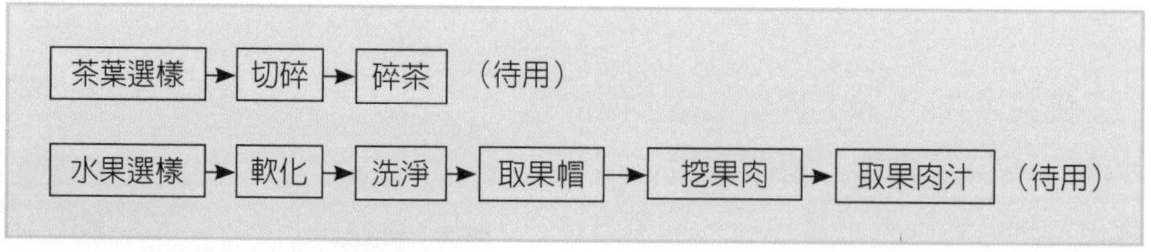

將以上兩種材料混合：

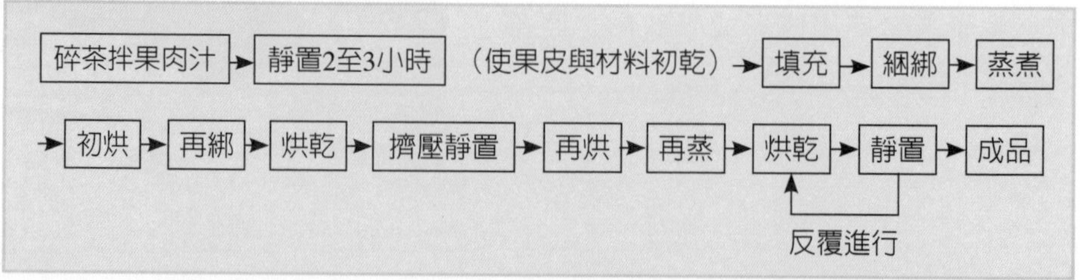

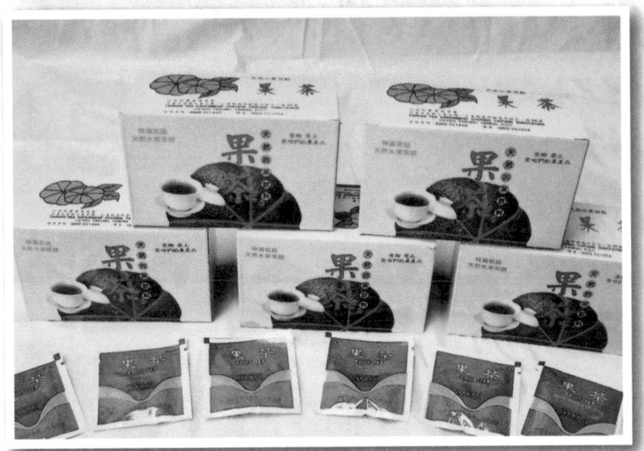

果茶成品

農業經營常因作物特性與氣候環境的影響，每年收穫有豐歉不一的情況發生，即俗稱大小年的情形，台灣盛產各項柑橘類水果，豐產時因生產過剩造成滯銷，而有穀賤傷農的現象，若能以現代化的加工技術，將滯銷的柑橘類水果如柚子、葡萄柚等與廉價的夏秋茶或副茶結合作為原料製成果茶，不失為農產品多元化加工的可行途徑，值得農政單位與農友作為促銷農產品的另一思考方向。

十、竹筒茶與酸茶

雲南的傣族、布朗族等少數民族，婦女於每年4至6月間採集茶樹的幼嫩芽葉，鍋炒殺菁後趁熱裝入竹筒中壓緊封口，再將竹筒放在火爐上烘烤，待竹筒表面烤焦後，即可剖開取出食用，稱為**竹筒茶**。另外，將茶菁鮮葉煮熟，放置於陰暗處十餘日，使其自然發霉，然後裝入竹筒內封口，再埋入土壤中約一個月餘即可取出食用，名為**酸茶**。當地人一般將酸茶直接含於口中咀嚼吞食，據說有解渴與幫助消化的功效。

拾

茶葉包裝與貯藏

關於茶葉的包裝與貯藏

茶葉雖為低水活性乾燥食品，但吸濕性極強，且容易吸附異味而快速變質、變劣；另外，氧化、光照與高溫等環境同樣會使茶葉品質劣變。由於茶為重視香氣的嗜好品，其香味成分既敏感又不安定，容易自然揮散與再氧化裂解變質，因此良好的包裝材料可防止吸濕與異味吸收，一旦過了貯藏期，如未妥善的保存，品質就可能急速變劣，所以對於新茶，業者應該盡快出售，消費者則應該趕快飲用，趁新銷售、趁鮮飲用才是上策與正確的態度，包裝貯藏則是例外。

一、茶葉包裝的重要性

茶葉屬於低水活性乾燥食品，理論上應具有相當持久的貯藏壽命，實則不然，茶葉吸濕性極強，且容易吸附異味，若無妥善的包裝，將快速的變質變劣。雖有良好的包裝材料可防止吸濕與異味吸收，但氧化、光照與高溫等環境仍然極易使茶葉品質劣變。茶為重視香氣的嗜好品，但其香味成分既敏感又不安定，容易自然揮散與再氧化裂解變質。1920年第一次世界大戰結束後，各國經濟蕭條，台灣烏龍茶外銷數量由上一年的1,100萬斤，驟降為7萬斤，台北大稻埕倉庫的茶葉堆積如山，政府為保證台茶品質水準，避免隔年陳茶混入新茶降低品質，毅然以當時幣值每百斤8元的價格，強制收購焚毀。在當年包裝材料不佳，倉庫設備簡陋的情況下，這段故事可以說明茶葉貯存的實際困難，與政府照顧農民的心意。

從食品安全衛生觀點來看，茶葉很少因包裝貯藏變質，而發生安全衛生方面的問題。但從品質與價格的經濟觀點來看，包裝貯藏對茶葉就顯得非常重要，其理由：

1.茶葉的經濟價值並不在於營養或保健成分，價格所以相差懸殊從數倍到數十倍，甚至有百倍的差價，乃取決於香味、口感等品質的關係。包裝如未能有效的保持茶葉色香味的品質，延緩變質變劣，將直接導致售價的急速下降。

2.消費者對茶葉貯藏的認知普遍不足，貯存的環境條件不良，茶葉品質將急速下降變劣。消費者購買高價的上等好茶，開罐後常捨不得盡速沖泡飲用，保存條件不良，經過一段時間後品質降低變質，消費者往往有受騙的感覺，懷疑廠商或茶農調包信譽有問題。

因此，對於茶葉品質與包裝貯藏的關係，產製銷與消費者各方面都應該有明確的認知，雖然剛出爐的新茶通常都較苦澀，且帶有生菁味與火燥味，經過一段短暫的貯藏時間後，這些風味都會自然減退或消失，使茶葉品質更為甘醇滑潤。但是一過這段貯藏期，如未妥善的保存，品質就可能急速變劣，所以對於新茶，業者應該盡快出售，消費者應該趕快飲用，趁新銷售、趁鮮飲用才是上策是常態，包裝貯藏則是例外。

茶葉後續貯藏很難維持原來新鮮的品質，雖保藏得宜，仍會緩慢的變劣，使香味消退，滋味變得平淡，而失去新鮮感，茶湯呈暗褐色失去明亮度，最後產生異味而不適於飲用。目前以現代優良的包裝質材與進步的技術，也只能減緩劣變的速率，仍然無法完全控制品質變劣的因素。

茶葉包裝

一般而言，發酵程度愈重者有較佳的貯藏性，紅茶最耐貯藏，綠茶因未經發酵，所含成分大部分未經氧化，貯藏期間極易再被氧化，失去綠茶應有的特性，其貯藏性最差。條形茶較球形茶不耐貯藏，碎形茶更差，乃因其與空氣接觸面大，極易被氧化與吸濕有關。具有自然香味的高品質茶，茶葉香氣普遍不穩定，極易逸失與氧化變質，亦有較不耐貯藏的缺點。

二、影響茶葉貯藏的因素

茶葉在貯藏過程中，常受到許多外在因子影響而產生劣變，茲將下列幾項因素對茶葉品質的影響略作說明，以供參考。

(一)茶葉含水量

茶葉乾燥務必使含水量降到3%至5%，便於包裝、貯存與運銷。在保存期間水分也應控制在5%以下，茶葉吸濕性極強，含水量一旦超過7%，品質即快速劣變，高於12%時茶葉即開始發黴；另外，大氣中的相對溼度也影響茶葉的吸濕速率，在任何相對溼度下，茶葉均與相對溼度保持平衡狀態。相對濕度在50%以下，吸濕速率緩慢，隨著相對濕度的增大，吸濕速率也相對的提高，在100%相對濕度下，茶葉不超過15天即會發生質變。因此，茶葉的包裝材料防濕性良好為第一考慮的要件。

(二)光線

茶葉中所含的化學成分有許多對光線極為敏感，例如：兒茶素怕光；葉綠素遇光則再氧化脫色；類胡蘿蔔素以及某些與芳香成分有關的不飽和脂肪酸，遇光容易再進行氧化分解。據目前所知，光線是導致茶葉品質變劣最快的因子，即使50 Lux以上的微弱光照，都會引起茶葉品質劣變。茶葉也如其他食物一樣，經日光照射後會產生「日光臭」（Sunlight Flavor），所以利用阻光防濕包裝材料，妥善保藏茶葉是防止與延遲茶葉變劣的必要作業。

(三)溫度

高溫可促進生化反應加速進行，貯藏溫度愈高，使茶葉品質劣變愈快。高溫貯藏對不發酵茶而言，不僅翠綠色的外觀極難保存，茶湯也變褐色。對部分發酵茶來說，高溫使敏感的香氣成分快速揮發。低溫貯藏是茶葉保藏最直接而有效的方式，理論上茶葉保藏在零下20℃的溫度下，幾乎可長期保存不變質。一般而言，溫度0℃至5℃，相對溼度在60%至70%，並具有循環空調設施的冷藏庫，作為茶葉貯藏最適宜，並可防止異味污染。

(四)氧氣

茶葉在後續貯藏中，許多成分如兒茶素等極易繼續進行氧化作用，而導致品質變劣。兒茶素再氧化使茶湯滋味與水色變劣；抗壞血酸氧化再與胺基酸作用，形成褐色物質；與香氣有關的不飽和脂肪酸氧化生成醛、醇等揮發性成分，導致陳茶味、油耗味（Rancid Odor）等。所以採用充氮包裝、真空包裝、添加抗氧化劑等都是防止茶葉再氧化的措施。

(五)時間

理論上茶葉貯藏時間愈久，品質愈不穩定，某些異味諸如陳味、油耗味、酸味等都與貯藏的時間長短有著密切的關係。陳年茶因特別注意貯藏環境，尤其是與溼度的關係，每一至二年就必須再焙火一次，使陳年茶應具有的品質能夠保持，但對於香氣則無法維持。一般來說，茶葉應趁新飲用，長時間貯存則是例外。

(六)異味

茶葉由一些疏鬆多孔的物質組成，結構微細，從葉的表面到內部可以觀察到許多毛細管，空氣與水分容易透過物理作用而被吸附。茶葉又含有多醣體、多元酚類、脂肪酸等極性（Polarity）與非極性成分，這些成分對於空氣中的極性與非極性有機分子，具有強烈的吸附作用，所以茶葉很容易吸收空氣中的異味物質。茶葉是香味極為敏感的嗜好品，一點點香味的改變或異味的生成，都可導致茶葉整體價值的損失。

三、茶葉貯藏期間的化學變化

(一)兒茶素類的再氧化

茶葉中含量最多的可溶性成分兒茶素類，不僅與茶湯苦澀味及活性有關，也影響茶湯水色。在有氧的製茶過程中，兒茶素類經多元酚氧化酵素之催化，進行氧化聚合作用，稱為「茶葉發酵」。

不同材質的茶葉罐

基本上，兒茶素類屬化性活潑且不安定成分，茶葉在貯藏過程中可能由於兒茶素類自動氧化而使品質劣變；或因吸濕使茶葉中殘存的多元酚氧化酵素或過氧化酵素的活動遞增，而導致兒茶素類的加速氧化。光照或透光之包裝材料，也常使貯藏中的茶葉因受光而導致兒茶素進行光化學反應，使品質劣變。

在貯藏過程中，兒茶素類再氧化對茶葉品質的影響有：

1.兒茶素再氧化使成茶外觀失去光澤：與其他成分如胺基酸等結合，進行非酵素性褐變反應，使茶湯水色褐變混濁，失去活性、缺乏刺激性與醇厚感，致平淡無味。

2.兒茶素化性活潑，氧化後會促使其它香味成分如脂肪族化合物等再氧化，導致油耗味、陳味等異味生成，影響品質劣變。

(二)茶黃質與茶紅質氧化裂解聚合

茶黃質（Theaflavins）與**茶紅質**（Thearubigins）都是茶葉發酵產物，一般不發酵茶與輕發酵茶含量極少，兩者皆為兒茶素類之氧化聚合物。在發酵過程中兒茶素先聚合形成茶黃質類二聚合物，再氧化成多聚合非均質之茶紅質大分子。這兩種成分對紅茶品質尤其重要，茶黃質與紅茶茶湯明亮度、滋味活性、收斂感、醇厚感都具有密切的關係，目前已知紅茶茶黃質含量愈高品質愈好，可作為紅茶品質與價格的客觀指標。

在紅茶的貯藏過程中，茶黃質可再繼續氧化成更大分子之不溶性茶紅質化合物。茶黃質與咖啡因、胺基酸、茶紅質結合在一起，導致紅茶茶湯失去明亮度呈暗褐色，滋味欠缺活性與醇厚感。低溫貯藏對防止茶黃質在貯藏過程中減少質變之效果極佳。

(三)葉綠素之裂解脫色

葉綠素（Chlorophyll）與講究外觀色澤鮮綠的不發酵茶與包種茶類關係密切；葉綠素頗不安定，懼光照、高溫與強酸，屬非水溶性物質，茶湯中含量極少。遇光、熱與強酸等即迅速脫鎂，使茶葉外觀色澤變劣；尤其在吸濕與高溫下脫色更為迅速。葉綠素一般在微鹼的狀況下較為穩定。脫鎂的變化率在40%左右色澤仍佳，超過70%以上即顯著變劣。保存成茶色澤最佳方法為配合使用無氧、阻光、防濕的包裝材料，貯藏於低溫設備中，可使色澤維持相當久遠。

(四)維生素C氧化減少

維生素C含量以綠煎茶最多，包種茶類次之，紅茶則很少。雖與茶湯品質無直接關係，但可作為綠煎茶品質的間接指標；一般而言，綠煎茶維生素C含量降至60%以下時，顯示品質嚴重變劣。維生素C易氧化，怕高溫與光照。在茶葉貯藏過程中，初期具有抗氧化劑的功效，可抑制茶葉中其他成分的再氧化。但後續氧化維生素C會與胺基酸反應，造成茶湯褐變，並影響香味品質。當茶葉水分含量在安全貯藏量5%以下時，維生素C變化極少，水分含量增加至6%以上時，維生素C即迅速減少。

(五)咖啡因之結合與游離

咖啡因（Caffeine）為中樞神經刺激劑，飲茶能使人興奮、利尿、加速代謝等作用，與咖啡因成分有關。茶葉在貯藏的過程中，咖啡因屬於較安定物質，不易起變化；在紅茶的製造過程中，咖啡因極易與茶黃質、茶紅質等結合形成大分子，使茶湯苦味降低，變得更溫醇；但在後期貯藏中咖啡因會再從結合的大分子中游離出來，使得茶湯滋味變得更苦。

(六)胺基酸氧化裂解

胺基酸（Amino Acids）與茶湯滋味有極密切的關係，比較上胺基酸亦屬較安定物質，但在高溫與吸濕的茶葉中，容易由兒茶素等其他成分的帶動而起變化。在茶葉貯藏過程中，胺基酸若與兒茶素類氧化物及糖結合，將使胺基酸含量減少，進而影響茶湯品質，尤其是對綠煎茶的影響更大。

(七)脂肪酸與類胡蘿蔔素的變化

茶葉中**脂肪酸**（Fatty Acids）與**類胡蘿蔔素**（Carotenoids）的含量極少，但這兩種脂溶性成分，在茶葉香氣中卻扮演著很重要的角色，兩者都極易自動氧化，而產生一些醛類、醇類和酮類等揮發性成分，是導致茶葉陳味、油耗味、油雜味生成的主因。通常愈細碎的茶葉與空氣接觸面愈大，脂肪酸愈易發生氧化。

四、茶葉包裝貯藏方法

茶葉的包裝與貯藏應是相輔相成，包裝除為了增加商品價值觀以外，最主要的目的還是在使茶葉貯藏不變質。因此，茶葉包裝需先考慮貯藏的要件。古人為防止茶葉貯藏品質變劣，訂有茶葉五忌之說：忌潮濕、忌久露、忌光照、忌高溫、忌異味。為避開接觸這五個要件，茶葉包裝貯藏應特別注意下列數點：

(一)茶葉含水量的控制

茶葉製造乾燥以使含水量降到3%至5%為目標。實際上，含水量保持在3%至5%之間，可形成具保護作用的單分子水層，是茶葉貯藏安全水分限量。理論上，茶葉太乾燥缺乏單分子水層的保護，反而容易引起氧化反應，不利貯藏。但是茶葉吸濕性很強，在台灣這種海島型的氣候，相對溼度特別高，故寧可充分乾燥以避免因吸濕而使茶葉品質變劣。因此，乾燥完成的茶葉，經靜置冷涼後應隨即裝袋封口入庫貯藏。

(二)避免光照

光照是使茶葉品質變劣最快速、最劇烈的因子。光照之所以導致茶葉品質急速變劣，與其所含許多容易引起光化學反應的成分有關，因此成茶從精製到包裝完成的過程中，都應避免光照直接照射，尤其嚴禁在陽光下進行精製作業。茶農或茶商常利用透明PE塑膠袋包裝茶葉，隨意擺置於工廠大廳，極難避免光照，即使是弱光，對茶葉品質亦有所影響，故應儘量避免。

(三)低溫貯藏

低溫貯藏能維持茶葉色香味的最佳品質，是茶葉貯藏最好的方式，理論上，溫度愈低貯藏的效果愈佳，貯藏的時間也愈久。但從經濟的觀點來考處，0℃至5℃的冷藏溫度較經濟，既能維持茶葉一定的品質，電費成本亦較低。台灣聞名於世的高價位包種茶，在終年高溫多濕的氣候環境下，為保持茶葉最佳的品質，低溫冷藏設施的投資，誠屬無法避免。

(四)利用無氧包裝

茶葉貯藏一段時間後，發生陳味、油耗味、油雜味，外觀色澤變劣與滋味活性減弱等，都與氧氣有絕對的關係。大氣中的氧的含量約占20%，為防止茶葉於貯藏期間再氧化，無氧包裝是現代利用最多的方法，諸如真空、充氮、使用脫氧劑包裝等，都屬於無氧包裝的方法。再配合冷藏即能達到茶葉保存維持品質的最佳效果。

基本上茶葉包裝材料應符合下列要求：透氣（濕）性低、無異味、不透光與耐擠壓等，現今市面上所使用的包裝材料，各有不同的優缺點，茲簡要說明如下：

1. 聚乙烯袋（PE塑膠袋）：聚乙烯（Polyethylene, PE）袋為目前廣泛使用的包裝材料，分為低密度與高密度兩種。低密度PE袋透濕與透氣性都較差，高密度PE袋性能較佳。PE塑膠袋優點為經濟便宜與防濕性尚佳，缺點為透光、防氣性差。利用PE袋包裝時應加一層阻光與透氣性低的外包裝，如鐵罐、鋁罐、合成紙罐等。因其透氣性大，氧化的問題仍難以解決，因此聚乙烯袋並不是茶葉包裝的良好材料，不宜個別使用。
2. 金屬鐵罐：金屬鐵罐用於茶葉外包裝，應配合PE塑膠袋作為內包裝，有質感佳、耐擠壓等優點，但其價格較昂貴，且容易生鏽腐蝕為其缺點，目前已被淘汰，較少使用。
3. 合成紙罐：合成紙罐是目前使用最廣的材料，優點為經濟、輕便、美觀，但透氣與透濕性高，應配合PE袋或鋁箔積層袋作為內包裝，不宜單獨使用。
4. 鋁箔積層袋：鋁箔積層袋具有不透光、防濕、阻氧性均佳，及美觀大方等優點，但也有價格較PE袋昂貴，且單獨使用有易受擠壓變形等問題。鋁箔積層袋韌性佳，可進行真空、充氮、加脫氧劑等處裡，配合紙盒或合成紙罐包裝，可完善解決茶葉包裝防濕、阻光與脫氧等問題，再利用0℃至5℃的低溫貯藏，是茶葉最完善的包裝貯藏方法。

5.**其他材料**：其他材料如玻璃罐防濕阻氣雖佳，但有易碎、透光、沉重、昂貴等缺點；陶、瓷罐雖不透光，但也有易碎、沉重、昂貴的缺點；木盒容易使茶葉吸濕有異味；紙盒易吸濕破裂；上述都不是好的包裝材料。

茶葉包裝不論是批發10、20、30公斤的大包裝，或是零售的150、300、600公克的小包裝，都應該有明確的標示，標明**品牌**、**等級**、**產地**、**品種**、**製茶種類**、**製造日期**、**出產者**及**飲用方法**等。茶葉包裝標示，不僅是責任也是義務，不但是品質保證，也有助於品牌建立與增進商譽，對茶葉促銷有絕對的效果。

茶葉品質鑑定

關於茶葉品質鑑定

茶葉品質鑑定目前仍然無法完全以儀器設備進行，酒與茶的品質鑑定還是依靠人類「官能鑑定」做最後決定。過去的茶行都聘有老「茶師」，以鑑定茶葉品質優劣、等級劃分與決定價格的高低。茶販送來的毛茶都須經過茶師鑑定後，依品級分別進庫貯藏，再依銷售需要提出精製。初製茶精製後也都經過茶師精挑細選，留下「茶樣」作為下次精選時比對之用，使門市出售的同等級茶葉能夠長期維持一定的品質，以應顧客需求。

一、品質鑑定原則

茶葉品質鑑定有其悠久的歷史，979年（宋太平興國4年）即有：「偽茶一斤技一百，二十斤棄市。」的禁令；明、清兩代亦訂有茶葉相關法令，規範茶葉品質與公平交易原則，要辨別真偽當然就得靠鑑定。

宋時盛行鬥茶，就茶葉色、香、味進行競賽，不僅流行於上層社會，而且普及於民間。鬥茶之茶品以「新」為貴，水以「活」為上；一是鬥色、二是鬥水痕；茶湯白，水痕少者為勝，已初具茶葉評比的規模。鬥茶之推動，也使得茶葉烹沏技藝更加精益求精。

目前我國訂定的茶葉品質相關法規有國家茶葉標準（CNS 179）與國家茶葉檢驗法（CNS 1009）兩項。至於每年數十場次的地方特色茶比賽，乃約定成俗，並無一定的標準可循。

官能鑑定乃是依靠個人的視覺、嗅覺、味覺和觸覺等反應能力來判定食物品質優劣良窳。對酒與茶等嗜好性食物而言，每個人的感覺都不一樣，評審的能力須靠個人敏銳的感覺與長期的經驗累積，並非每一個人都能夠一蹴即成。所以對於茶葉品質鑑定，這裡只就沖泡的方法、評審項目以及用語解釋摘錄如下：

(一)沖泡方法

茶葉官能鑑定，茶與水的標準比例為五十分之一（即2%）。秤取茶葉3公克，置入審茶杯中，沖入100℃沸騰的開水150cc.（審茶杯的容量滿出正好150cc.），加蓋靜置五分鐘，將茶湯倒進審茶碗，茶渣留置審茶杯中，作為香氣及葉底的鑑定材料。

茶葉沖泡

(二)評審項目

評審項目分為成茶外觀：包括形狀與色澤；茶湯質地：包括色澤、香氣與滋味；以及葉底等共分五項，但以香氣與滋味為重。

1.外觀：占10%。包括茶葉外形、條索、色澤、芽尖白毫、副茶、夾雜物等。

2.湯色：占10%。各茶類應具的茶湯色澤、湯液明亮度或混濁晦暗。

3.香氣：占30%。香味種類、高低、強弱、清濁、純雜，以及是否帶有油臭味、焦味、煙味、菁臭味、霉味等異味。

4.滋味：占40%。茶湯濃稠、淡薄、甘醇、苦澀，活性、刺激性或收斂性等。

5.葉底：占10%。茶渣的色澤、葉片展開度、芽尖完整度，判別品種的純度、茶菁老嫩、發酵程度等。

評茶標準杯

茶既是飲料，品質鑑定當然是以茶湯質地為重。惟現在的茶葉比賽，在最後難以抉擇的關鍵時刻，評審員往往拿起審茶盤，審視茶葉外觀，誤導茶農在製茶過程中，將外觀愈揉愈緊結，不但增加製茶成本，有時包布揉時產生悶味，更使成茶品質降低。因此，筆者在茶業改良場任內，極力倡導茶葉鬆綁，評審時應著重於茶湯香氣與滋味的品質，外觀只供參考，應恢復烏龍茶半球形的特色，以減少製茶工資，降低生產成本，提高台茶在國際市場的競爭力。

目前台灣茶葉評鑑著重於各地方優良茶比賽，全國每年的優良茶比賽多達二百餘場次，其中品質差別極大，價格懸殊，而且各主辦單位所定的比賽等級標準與名稱不一，因此顯得雜亂無章。筆者認為優良茶比賽作為茶葉促銷的手段，原無可厚非，但將其導入茶葉正常銷售系統，則有商榷之餘地。台茶一年的產量約2萬公噸，參加比賽的數量實屬有限，何況有30%至40%的被淘汰茶，根本利不及費，損失慘重。因此，筆者認為茶葉評鑑應該著重於分級包裝，確保品質對生產者與消費者來說才是最有利的措施。

二、評茶詞彙

茶葉品質官能鑑定有許多專業性評語，這些詞彙用語大多為名詞或形容詞，極為艱澀難懂，讓人難以使用語言文字解說清楚，通常愛茶人士也常一知半解，一般消費大眾聽來更是霧煞煞。茲將各項評審用語列出，以供讀者飲茶時，配合品茗實境與個人的感覺，自行慢慢的去體會與琢磨，經過一段時間以後，您也可以成為喝茶專家喔！

(一)外觀形狀

1.細嫩：多由一心一葉或一心二葉之嫩葉製成，條索緊細渾圓，毫尖或鋒苗顯露。

2.緊細：鮮葉嫩度好，條索緊結圓直，多芽毫，有鋒苗。

3.緊秀：鮮葉嫩度好，條索緊細秀長，鋒苗顯露。

4.緊結：鮮葉嫩度稍差，成熟葉（二或三葉）較多，條索緊而圓直，身骨重實，有芽毫，有鋒苗。

5.緊實：鮮葉嫩度稍差，但揉捻技術良好，使條索鬆緊適中，有重實感，有鋒苗。

6.粗實：茶菁原料多為三、四葉，已無鮮嫩感，較粗老，但揉捻充足；條索雖粗大，尚能捲緊，身骨稍感輕飄。若破口（斷葉切口粗糙）過多，則稱粗鈍。

7.粗鬆：葉質老硬，不易捲緊，條索空散、孔隙大、表面粗糙、身骨輕飄，或稱粗老。

8.壯結：條索壯大緊結。

9.壯實：條索捲緊，飽滿結實。

10.心芽：又稱芽頭、芽尖。尚未開展的芽尖，一般多茸毛呈白色。

11.顯毫：芽尖多而茸毛濃密者稱顯毫，毫色有金黃、銀白、灰白。白色茸毛稱白毫。

12.身骨：指茶菁葉質老嫩，葉肉厚薄，葉身輕重而言。芽嫩、葉厚、身重稱身骨好。

13.重實：指條索、顆粒緊結，以手權衡有重實感。

14.勻稱：又稱勻整、勻齊。指茶葉形狀、大小、粗細、長短、輕重相近，拼配適當。

15.脫檔：茶葉拼配不當，形狀粗細不整。

16.破口：茶葉精製時切斷不當，茶條兩端切口粗糙不光滑。

17.團塊：又稱圓塊、圓頭。茶葉因揉捻解塊不完全，凝結成塊狀。

18.短碎：條形短碎，葉面鬆散缺乏整齊勻稱之感。

19.露筋：揉捻不當使葉柄與葉脈之皮層破裂，木質部顯露。

20.黃頭：粗老茶葉經揉捻呈黃色塊狀。

21.碎片：茶葉破碎後形成輕薄片。

22.粉末：茶葉受壓破碎後形成的粉末。

23.塊片：由單片粗老葉揉成粗鬆輕飄的塊狀物。

24.單片：未揉捻成形的粗老單片葉子。

25.紅梗：茶梗紅變。

(二)外觀色澤

1.墨綠：深綠泛黑，光澤勻稱。

2.翠綠：翠綠色帶光澤。

3.灰綠：綠中帶灰。

4.鐵銹色：深紅色，暗無光澤。

5.草綠：綠草的顏色（粗老葉，炒菁控制不當過乾）。

6.砂綠：如蛙皮，綠而油潤（優良青茶類的顏色）。

7.青褐：青褐色帶灰光。

8.鱔魚皮色：又稱鱔皮黃。砂綠蜜黃，似鱔魚皮顏色。

9.蛤蟆背色：葉背起蛙皮狀砂粒白點。

10.光潤：色澤鮮明，光滑油潤。

11.枯暗：色澤枯燥，暗無光澤（老葉）。

12.花雜：葉色雜亂不一（老嫩夾雜）。

(三)茶湯色澤

1.豔綠：翠綠微黃，清澈鮮豔，油光亮麗，為優良綠茶。

2.綠黃：綠中顯黃。

3.黃綠：又稱蜜綠。黃中帶綠。

4.淺黃：又稱淡黃。黃而淡。

5.金黃：金黃色，清澈亮麗。

6.橙黃：黃中帶微紅，如成熟的甜橙色澤。

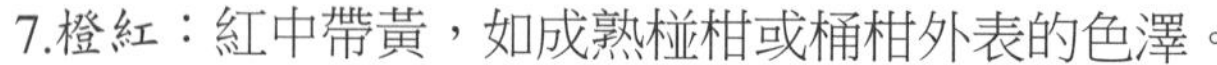

晶瑩剔透的茶湯

7.橙紅：紅中帶黃，如成熟椪柑或桶柑外表的色澤。

8.紅湯：又稱水紅。烘焙過度或陳茶，湯色淺紅或暗紅色。

9.凝乳（Cream Down）：茶湯冷卻後，出現淺褐色或橙黃色的渾湯現象，為優質紅茶。

10.明亮：清澈顯油光。

11.混濁：沉澱物或懸浮物多，混濁不清。

12.昏暗：水色不明亮，也無懸浮物或沉澱物。

(四)香氣

1.清香：清純不雜。

2.幽雅：又稱花香。香氣文秀，類似淡雅花香，但又不能具體的感覺出是哪種花香。

3.純和：又稱純正。香氣正常純淨，但不高揚。

4.蔬菜香：類似空心菜燙煮後的香氣，常見於綠茶。

5.甜香：又稱蜜糖香，類似蜂蜜、蜜糖或龍眼乾的香氣。

6.甜和：香氣不高，但有微甜感。

7.炒米香：類似爆米花的香氣。

8.火香：適度烘焙產生的焙火香。

9.高火：乾燥或烘焙時溫度過高，尚未燒焦產生的焦糖香。

10.火味：又稱焦味，製茶過程中溫度控制不當茶葉燒焦的火焦味。

11.青味：又稱菁味，類似青草或青葉的味道，為炒菁、蒸菁不足或發酵不足時產生。

12.悶味：又稱為熟味或豬菜味，類似青菜悶煮的味道。

13.濁氣：夾雜其他氣味，有渾濁不清的感覺。

14.雜味：又稱異味。不是茶葉應有的氣味，如煙味、霉味、陳味、油味、油耗味、土味、日燥味等等不良味道。一般在評定時都會明確的指出屬於何種雜味，如無法具體指明時，即以雜（異）味稱呼。

(五)滋味

1.濃烈：滋味強勁，刺激性和收斂性強。

2.鮮爽：鮮活爽口。

3.甜爽：有甜甜而爽口的感覺。

4.甘滑：帶甘味而滑潤。

5.醇厚：甘醇濃稠。

6.醇和：甘醇但欠濃稠感。

7.平淡：又稱淡薄。滋味雖正常，但感覺清淡，濃稠感不足。

8.粗淡：滋味淡薄，粗糙不滑。

9.粗澀：澀味強且粗糙不滑潤。

10.青澀：澀味強又帶有青草味。

11.苦澀：滋味雖濃郁，但苦味、澀味強勁，入口有麻木感。

12.水味：滋味軟弱無力（茶葉受潮或乾燥不足）。

上列評茶辭彙，有些僅能用於單一茶類，有些則可用於二種或多種茶類，如「**顯毫**」僅用於白毫銀針、白牡丹等白茶類；「**勻稱**」則各種茶類不管紅茶、綠茶、包種茶或烏龍茶都可適用。

有些用語僅用於單項，有些則可多項互相通用，如「**醇厚**」僅用於滋味一項；「**純和**」則可用於香氣和滋味。

有些用語對某種茶類是好的評語，對另一種茶類卻是不良的評語，如**條索「卷曲」**對綠茶類的碧螺春而言，是形優質佳的評語；對白茶類的白毫銀針來說，卻是不好的評語。

故綜上所述，喝茶品茗也是一門學問，要成為一個識茶懂茶的茶人，只有慢慢的去品嚐，由自己親身體會與學習才能夠達成。

三、影響茶葉品質的原因

茶葉在製造的階段與貯藏的過程中，常因某些處理控制不當，或外在環境因素，而產生許多影響茶葉品質的因子，造成茶葉成品在形、色、香、味等不同層面出現許多缺點，茲將其可能發生的缺點與產生的原因列述如次：

(一)外觀形狀

1.粗鬆或粗扁：

(1)茶菁原料粗老。

(2)炒菁太乾。

(3)揉捻機性能不佳或操作不當，如初期即重壓。

2.團塊：解塊不完全，數個芽葉交纏呈塊。

3.黃片或黃頭：粗老茶葉經重壓揉碎者為黃片；經揉成粗鬆團狀者為黃頭。

4.茶梗膨脹：乾燥時溫度過高，通常帶有火焦味。

5.露筋：揉捻不當使葉梗與葉脈皮層破裂，木質部露出。

(二)外觀色澤

1.帶黃：

(1)炒菁溫度太低，時間過長。

(2)炒菁時未適時送風，水氣排除不良。

(3)初乾或滾筒整形時材料投入過量，水氣排除不良而悶黃。

(4)團揉溫度高而時間長。

(5)高溫、高濕下短期貯藏，不但使色澤劣變，也出現陳味。

2.暗墨綠：

(1)幼嫩芽葉或下雨菁、露水菁等含水量高，萎凋不足。

(2)含水量高的茶菁，炒菁時未適量的藉熱氣蒸散而降低水分，炒菁後水分含量仍高。

3.黑褐：俗稱鐵銹。萎凋不足而大力攪拌，使茶葉嚴重擦傷破損，產生異常發酵。

4.帶灰：

(1)團揉過程中水分含量控制不當，茶葉已七、八分乾，仍進行強力團揉；或以50℃至80℃溫熱，長時間圓筒覆炒。

(2)滾筒整形時間控制不當，茶葉已七、八分乾，仍繼續用滾筒整形。

5.暗褐帶黑：

(1)高溫烘焙達130℃以上，時間長，帶火味。

(2)貯藏不當，高溫高濕下長期貯存，色澤劣變，帶陳味。

(三)茶湯

1.渾濁（杯底呈現渣末）：

(1)揉捻過度，尤其是團揉。

(2)製程中器具上的粉末未清除乾淨，致混入茶葉中。

2.混濁（茶湯不明亮混濁）：炒菁時含水量控制不當，揉捻時葉過濕，因而起泡沫。

茶湯清澈明亮香醇可口

3.湯色淡薄：

(1)炒菁時炒得太乾。

(2)泡茶的水質不良。

4.水色太紅：

(1)發酵過度。

(2)長期貯藏不當劣變。

5.呈淡青紫黑色：泡茶用水或器具含有鐵或其他二價、三價的金屬離子。

6.紅褐帶黑：經高溫140℃以上，長時間（四小時以上）烘焙。

(四)香氣

1.菁味：

(1)萎凋不足，攪拌發酵不夠。

(2)生葉炒菁未熟透。

(3)老葉或茶梗未炒熟。

2.火味（火焦味）：

(1)炒菁溫度太高，炒菁不均勻，部分生葉炒焦。

(2)乾燥溫度太高，茶葉燒焦。

(3)經高溫140℃以上，長時間（四小時以上）烘焙。

3.煙味：

(1)熱風機內層出現裂縫孔隙，使燃料煙味滲入熱風，進入乾燥機。

(2)炭焙時茶末、茶角或茶葉掉入焙爐中燃燒，產生煙味被茶葉吸收。

4.雜味：

(1)茶菁參雜有臭味的草類。

(2)製程中掉入有異味的昆蟲。

(3)使用器具或取茶的手不乾淨帶有異味。

(4)環境不夠清潔。

5.悶味：

(1)萎凋時高溫悶置。

(2)團揉時悶置太久。

(3)初乾時投入量超出乾燥機的容量，使茶葉在高溫、高濕的環境中受悶。

6.油味：製程中機械之潤滑油，不慎滴入茶葉中。

7.陳味：又稱陳茶味、油耗味。貯藏不當或貯藏時間太久，茶葉中油脂氧化的結果。

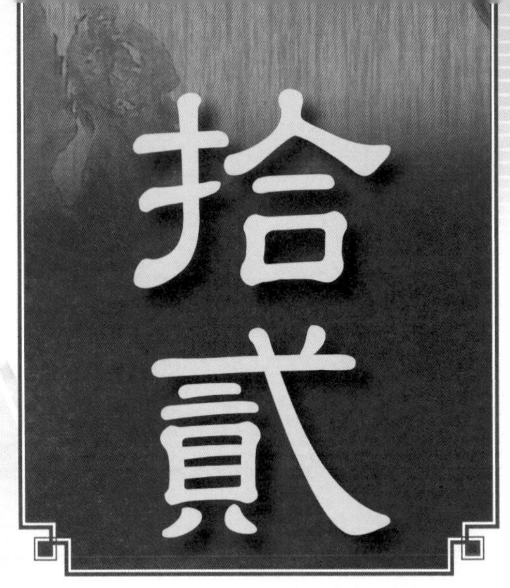

拾貳

台灣部分發酵茶的展望

關於台灣的部分發酵茶

紅茶與綠茶都曾經是台灣外銷茶葉的主軸，各曾風光一時，惟自1970年代開始，台灣社會經濟型態由農業社會逐漸轉型為工商業社會後，農業生產成本相對提高，台灣紅茶與綠茶生產無法與印度、斯里蘭卡等地所產的廉價茶在世界市場競爭。同時，台灣經濟發展的結果，國民所得提高，也有能力消費高價位的部分發酵茶葉，台灣茶葉生產遂積極由外銷轉為內銷。生產也由不發酵的綠茶與全發酵的紅茶，轉變為部分發酵茶類的包種茶與烏龍茶。茶葉產地亦由北部的丘陵台地，逐漸轉到中南部的山坡地，這一連串的改變，完全打破台灣過去旱地南糖北茶的農業經營型態與習慣，多方面的配合，使台茶能夠順利的轉型成功，再創佳績。

一、台式茶葉發展的幾個問題

全球的部分發酵茶類的產量不及茶總產量的5%，且產地以台灣為主，中國閩粵等為少數地區。台灣的植茶與製茶技術，雖源自於中國大陸福建，但經過二百年來的研究發展，兩地的種茶與製茶技術業已分道揚鑣，台灣茶完全脫胎換骨自成一格，為有別於大陸的部分發酵茶類，筆者特稱之為**台式茶葉**。

1980年代台灣的部分發酵茶約占世界該茶類總產量的一半左右，當時台灣茶不論品質或價格都是首屈一指，是世界上最高級的茶葉。品質雖佳，但因價格過高及農藥殘留問題，仍無法大量外銷。另為國內大宗飲料茶的需要，反而大量由國外進口低價位的茶類，2006年進口量達生產量的70%至80%左右，不過因消費族群有明顯的區隔，且政府採取不鼓勵新闢茶園擴大栽培面積的措施，故尚能取得平衡，互不干擾。

加強田間管理生產高品質的茶菁

近年來，許多台灣商人、茶農相偕出走，到中國大陸、泰國、越南和印尼等地發展「台式茶葉」，但不論投資或是受雇，這些少數茶農師傅，親手調製的茶葉數量總是有限，當地茶農只學到台灣人製茶的動作，並未真正學到製茶的精髓，仍無法製成真正的「台式茶葉」，目前尚難與台灣本土產的茶葉競爭。但是這些國外生產的「台式茶葉」，銷售地區都是以台灣和中國大陸為行銷目的地，無形中造成台茶的沉重壓力，總有一天，會成為台茶的真正競爭對手。

如何有效降低生產成本，持續保持台茶的高品質，提高台茶在世界市場的競爭力，並使台灣發展為「台式茶葉」的世界中心等，都是值得吾人思考的重要問題。

(一)加强試驗研究

1999年凍省後行政院幕僚單位研考會、人事行政局等，一直主張將茶業改良場裁併，當時筆者任職於該場，曾據理力爭，說明茶葉在農業中是最有潛力的農產業，如果將試驗單位裁併，將使台灣茶業加速萎縮。該案在行政院會通過的情況下，最後採納筆者的意見，暫時得以苟延殘喘，維持原來的層級，可惜在筆者離開該場以後，再也無人力爭的情況下，全案又回到原點，最後還是要被併吞掉。目前因為行政法人化的問題未解決，人員離開不能再有新人遞補，缺額嚴重，已形成斷層現象。如再無有識之士，體認事情的嚴重性，台茶的沒落將為時不遠矣。

(二)注重茶菁的品質

有優良的茶菁原料再配合高級的製茶技術，才能製造出上等的好茶，這是製茶業千古不變的法則。茶菁的品質為決定茶葉好壞的先決條件，現代茶農集產製銷於一身，往往只注重茶葉製造過程，對於茶園管理常被疏忽，所生產的茶菁品質低劣，欲利用製茶技術或烘焙獲得品質優良的茶葉，乃是緣木求魚的想法。為使成茶色香味俱佳，茶園肥培管理與病蟲害防治工作，必須加強，生產優良的茶菁，才能有獲得好茶的機會。

(三)推行全面機採

傳統的茶葉採摘，都是以人工行之，採茶工資占茶葉生產成本的比例極高，人工採茶1台斤茶菁的工資，依茶園工作環境不同，約新台幣60至100元不等；如果用機械採收一部機器三個人操作，加上機器的租金，一天的工資為2,000元×4＝8,000元，一天可採收茶菁2,000公斤，合台斤為3,333台

傳統式的採茶「姑娘」平均年齡超過50歲

全面的機械採收是台茶未來的趨勢

斤，1台斤茶菁的採摘成本僅約2.5元。成茶1台斤需要4.5至5台斤的茶菁才能製成，兩相比較，採茶成本真是天壤之別。有同仁認為茶是藝術品，機採茶完全失去藝術價值。筆者卻以為，藝術歸藝術，藝術是無價的，要用手採就讓藝術家們繼續用手採吧！茶業改良場要照顧的是廣大的茶農與消費者，成本才是重要的考量。就如毛筆是中國人傳統的書寫工具，現在一般社會大眾都使用方便的原子筆，毛筆已成為藝術家所專用，總不能要大家再回頭全部使用毛筆吧！更重要的是，這些上了年紀的採茶姑娘，不出幾年就很難再找到接班人了。機械採收是降低台茶生產成本，提高競爭力的最佳手段。

(四)減少揉捻次數

烏龍茶在學術分類上稱為半球形包種茶，所謂半球形是指：葉緣內縮，自然微微彎曲，類似煮熟的蝦子收縮的形狀，與條型包種茶有明顯的區別。目前市售的烏龍茶，外形非常緊結，一顆顆都像空氣槍的子彈，已不同於傳統的半球形烏龍茶形狀。筆者到茶改場不久，有次前往南投杉林溪茶園視察，正巧茶農在進行團揉作業，發現農友手掌有1至2公釐的厚繭，手指都不能彎曲，休息時拿起美工刀將厚繭切割，真讓人不捨。經詢問：「揉這麼緊結會使品質更好嗎？要揉多少次？」答曰：「品質不但不會更好，處裡不當反而會影響品質。揉捻次數：複炒八至九次，團揉要重複三十二至三十六次。」「既然有礙品質為何要那麼辛苦？」據說：「都是比賽茶惹的後遺症，如果沒揉得那麼緊結，茶販連看都不看，賣不出去時該怎麼辦！」因此，筆者下定決心要倡導烏龍茶鬆綁的行動，責由茶改場製茶課進行相關試驗，結果認為複炒四至五次，團揉十二至十五次，已可達要求的品質，並能節省揉捻工程的二分之一至三分之二（**表12-1**）。

表12-1　團揉次數對茶葉容重及精製率之比較				
區別	複炒數（次）	毛茶容重（克／公升）	精製茶容重（克／公升）	精製率（%）
霧社茶區	1	180	237	56.1
	2	225	265	74.8
	3	295	330	84.2
	4	370	408	89.0
	5	430	455	96.8
	6	435	457	99.1
	7	440	470	91.8
信義茶區	1	130	170	70.5
	2	175	215	76.4
	3	210	244	80.2
	4	320	365	81.7
	5	399	415	88.6
	6	402	418	90.2
	7	405	420	90.8
梅山茶區	1	140	150	75.3
	2	185	205	80.9
	3	240	260	81.0
	4	328	340	85.3
	5	376	395	77.2
	6	420	425	80.8
	7	430	440	84.3

註：複炒一次團揉三次。團揉：鬆開解塊、再綁、揉捻算一次。

可惜上項結果出爐時，筆者已離開茶業改良場，雖不在其位，仍將結果整理發表於2002年3月號《農友月刊》，供農友參考，但已無緣執行此一政策。為了降低台茶的生產成本，此一構想仍為可行措施。

(五)農藥殘留

茶是嗜好性飲料，更多人把它視為健康飲料，台茶具有天然的香氣，已為全球愛茶人士所認知與喜好，所以台茶外銷價格不是問題，最大的問題在於農藥殘留，歐美等先進國家，尤其是歐盟的農藥殘留檢驗標準，只有台灣的二十分之一，也就是說嚴格20倍，一般生產的茶葉根本無法通過檢驗。幾年前有一位茶商朋友說：「我曾輸出二批茶葉到法國，每公斤125美元，以當時的匯率計算合台幣4,000元」（當時世界茶價約0.75至0.95美元／公斤，1美元合台幣31元，相差百餘倍）。筆者對此有興趣，提出生產者與產地兩個

問題請教。他說：「我有3公頃茶園在南投瑞田所生產，所有栽培管理用藥都是自己控管，確定安全期沒問題才採收。」

原來事在人為，此事讓筆者有一突破性的思考，目前台茶缺少一個具有公信力的檢驗單位，如果茶業改良場能將「場徽」取得中央標準局的註冊，選取幾個大面積與不受鄰地污染的地方（當時預定在南投北山茶區與雲林林內茶區），進行全面性的輔導，由茶農採取綜合經營的方式，所有管理時程、用藥種類都要按照輔導人員的建議，並經過嚴格的檢驗，確保安全採收期，只要農藥殘留能夠通過安全檢定，由茶業改良場作為認證單位，應該很快的能將台茶再度推向世界市場。

農藥殘留問題是台茶外銷的癥結所在

農藥殘留問題最重要的是：(1)嚴格控制用藥種類，茶樹禁用的農藥絕對不准使用；(2)安全用藥的時間，估計絕對安全的採收期，採收前並應有公信力的檢驗單位抽驗茶菁，確定無問題後始可進行採收。

(六)茶葉分級併堆

目前各地方茶葉比賽所使用的等級非常紛亂，一般消費大眾根本弄不清楚，常有人誤認為優良茶比三等獎的等級高。而且僅止於參與評比的22台斤茶葉，與其他同一批茶葉未經比賽單位包裝者，價格相差好幾倍。因此，筆者一直認為比賽茶作為促銷的手段較妥，茶葉應以**分級併堆**的方式，保證應有的品質。

在茶葉精製一節已談到，包種茶的初製茶依茶葉標準鑑定法，正茶可分為**特級茶**、**高級茶**、**中級茶**、**普通茶**和**標準茶**等五級；台灣烏龍茶正茶分為**特級茶（椪風茶）**、**高級茶**和**標準茶**三種。台茶目前都是小農自產自製自銷，每個人所產製的茶葉品質極不一致，茶葉銷售公司應自行建立等級標準，將搜購來的初製茶分類後予以併堆精製，再經輕度走火焙，使品質趨於一致。若每一等級，全年都能維持一致的品質，對公司與消費者必能互蒙其利，不會再有被騙的感覺發生。

(七)建立品牌

鹿谷農會已成烏龍茶類優良品牌

俗話說：「茶烏烏，價格隨人呼！」又說：「文章、風水、茶，識者無幾個。」茶葉的品質與價格，說真的行家也很難鑑定，何況是一般消費大眾。但是如果產銷業者都能夠認真的做好分級包裝，建立品牌，訂定合理的茶葉價格，相信業者與消費者必能相互信任，達到雙贏互惠的供銷關係。目前路邊看到的「高山茶3斤1,000元」的騙局，也將無所遁形。

上述各點都是降低台茶生產成本，提高國際市場競爭力的重要措施。至於如何使台灣成為世界包種茶（台式茶葉）中心，筆者認為應先有固定的消費族群與足夠的生產量後，再來談這個問題。吾人知道倫敦並不產茶，而倫敦之所以能成為世界紅茶中心，乃紅茶的消費族群夠大，產量更大，占世界茶葉總產量的70%左右，倫敦只是作為世界紅茶數量與價格的供需調配中心，並不是將所有的紅茶都運到倫敦，然後再轉運到世界各地。

台灣茶農在泰國北部投資經營的茶園

反觀部分發酵的包種茶類，生產量不及世界總產量的5%（尚有其他白茶類或大陸生產的青茶類），生產者僅知台灣本島為最大的消費地，所以台商到大陸或東南亞地區所生產的包種茶類，都設定以銷回台灣為目標，若如此台灣不僅無法成為包種茶中心，反而會使台茶生產過盛，互相競爭而壓低茶價。欲發展台灣為包種茶世界中心，應該由生產高級台式茶葉

的技術著手，並向世界愛好茶葉的人士推薦，由台灣掌握整個產銷供需調配工作，有足夠的生產量與固定的消費族群，才能使台灣成為世界包種茶（烏龍茶）中心。台灣要真正成為世界包種茶中心，要靠產製銷業者與政府有關單位共同的努力，應該還會有一段漫長的路要走。

二、台灣各地方特色茶類

台灣茶葉經過二百年的發展，由最早期的台灣烏龍茶、台灣包花茶、南港包種茶、紅茶、綠茶，經過無數次的變革，到現代聞名於全球的台灣包種茶。目前台灣的特色茶可大略分為下列幾種：

(一)條形包種茶

外觀呈條索狀，色澤墨綠；茶湯水色蜜綠鮮豔帶金黃，具清純幽雅的花香，滋味甘醇滑潤帶活性；香氣愈濃郁品質愈佳，屬於著重香氣的茶葉。主要產地在北部地區，包括台北、宜蘭山區，以坪林、石碇、新店一帶最負盛名，一般慣稱**文山包種茶**。

(二)半球形包種茶

在製茶程序中，經過特殊的包布球團揉過程，使外觀緊結呈半球形，色澤墨綠；茶湯水色呈金黃亮麗，香氣濃郁，滋味醇厚甘滑韻味十足，使人飲後回韻無窮，是香氣與滋味並重的茶葉。主產於南投縣名間、竹山、鹿谷一帶，海拔約500至800公尺的山區，其中以鹿谷鄉農會的「凍頂烏龍茶」最富盛名。竹山鎮農會的「杉林溪茶」以及名間鄉農會的「松柏長青茶」都歸屬於半球形包種茶類，一般慣稱**凍頂烏龍茶**。

南投凍頂山下的麒麟潭

(三)鐵觀音茶

鐵觀音茶外觀條索捲曲糾結，以手權衡有重實感，呈青蒂綠腹蜻蜓頭狀，色澤鮮潤，砂綠顯露，葉表帶白霜；茶湯琥珀色，濃艷清澈；滋味醇厚甘鮮，入口回甘，喉韻強，香氣馥郁持久。葉底肥厚明亮，具綢面光滑，是著重滋味的茶葉。目前主要產地為台北市木柵區與台北縣石門鄉二地，其他地方僅有少數零星生產。

(四)台灣烏龍茶

特級台灣烏龍茶稱「**椪風茶**」，一般標準茶稱「**番莊**」，為台灣特有的茶類，全世界只有台灣產製。第一次世界大戰前，台灣番莊茶是銷往美國紐約的第一品牌。

椪風茶是採集受小綠葉蟬危害過的茶菁所製成，以青心大冇品種為最佳，是部分發酵茶中發酵程度最深（50%至60%）的一種，外觀豔麗，呈紅白黃褐綠五色相間的色澤，枝葉連理，有如美麗的花朵，不重條索緊結，以芽尖白毫顯露為高級品，稱為**白毫烏龍**。茶湯水色呈琥珀色（橙紅色），滋味圓柔醇和，具熟果香或蜂蜜香。每年在芒種到大暑間為適產期，生產成本高，產量有限，每公頃僅50公斤左右。主要產地為新竹北埔、峨眉，苗栗頭份、頭屋等地。

新竹峨眉椪風茶採茶比賽

(五)高山茶

高山茶是指中南部新興茶區，包括南投、雲林、嘉義等縣海拔1,000至1,500公尺地方所產製的半球形包種茶類。高海拔地區之氣候冷涼，早晚雲霧籠罩，日照短，芽葉所含兒茶素類苦澀成分較低，但可提高茶胺酸與可溶性氮等對甘味有貢獻的成分，芽葉柔軟肉厚，果膠質含量高。因此，具有外觀

色澤翠麗鮮活，滋味甘醇厚重滑潤，香氣淡雅，水色蜜綠顯黃，耐沖泡等優良特性。簡言之，高山茶具有半球形包種茶外觀與滋味，並有條形包種茶水色與清香。諸如阿里山茶、杉林溪茶、玉山茶、廬山茶等，一般慣稱為**高山烏龍茶**。

(六)紅茶

紅茶是繼台灣烏龍茶與台灣包種茶之後，台茶外銷的第三種茶類，外銷紅茶以**小葉紅茶**為主，南投縣魚池鄉產製少量的大葉阿薩姆品種，曾以「日月紅茶」的品牌，聞名全球。小葉種具有清新的花果香，大葉種具強烈的麥芽香，外觀均呈褐色或黑色，茶湯呈鮮豔的紅色，滋味甘濃，有凝乳（Cream Down）現象。如今在世界茶價低迷，台灣紅茶生產成本高，難以與國外生產的低價位紅茶競爭，至20世紀末幾已全部停頓，僅茶改場魚池分場尚有極少量的試驗產品，今市面上紅茶茶包（Tea Bag）原料，大部分由國外進口。1999年6月茶改場紅茶新品種「台茶18號」育成後，該品種再以「**日月紅茶**」姿態，採高價位的規格重出市面，深獲消費大眾的喜愛。

(七)綠茶

綠茶是繼紅茶後台茶外銷的第四種茶類，自1949年開始綠茶加入台茶外銷的主力，維持到1980年以後開始走下坡。在1965年引進日本蒸菁綠茶製法以前，台灣是以炒菁綠茶銷往北非各國，以後以煎茶銷日本。目前僅有台北縣三峽地區產製龍井茶與碧螺春茶，供應國內市場的需要，其他地區產量極少。龍井茶外觀綠色、白毫隱而不顯，呈扁平劍片狀，茶湯蜜綠色，香郁味甘。

除上述代表性的茶葉之外，各縣市生產許多不同品牌名稱的茶葉，諸如桃園縣的龍泉茶、宜蘭縣的蘭陽茶與素馨茶、苗栗縣的明德茶、南投縣的北山茶、雲林縣的雲頂茶、屏東縣的港口茶、台東縣的福鹿茶、花蓮縣的天鶴茶等等，都各具特色。一般說來，大多可歸類為半球形包種茶或條形包種茶。北山茶與雲頂茶雖歸為半球形包種茶類，但常被茶販認為沒有什麼特色；但沒有特色也是特色，它可以和其他地方的茶葉混合併堆，所以這兩種茶在茶葉暢銷時，新茶尚未出爐，茶販已等待在那裡，根本沒有滯銷的情況發生。待茶葉銷路不順時，茶農才了解到未建立品牌，根本無行銷能力，只好讓人予取予求，損失慘重。

亮麗的竹山照鏡山茶區

茲將台灣各縣市所產製的茶葉表列如**表12-2**，供消費者參考。

表12-2　台灣各縣市茶葉產地及名稱

縣市別	鄉鎮市區別	名稱
台北市	文山區 南港區	木柵鐵觀音茶 南港包種茶
台北縣	坪林鄉、石碇鄉、新店市、汐止鎮、深坑鄉 石門鄉 三峽鎮 林口鄉	文山包種茶 石門鐵觀音茶 海山龍井茶、三峽龍井茶、海山包種茶、三峽碧螺春茶 龍壽茶
桃園縣	平鎮市 龍潭鄉 楊梅鎮 大溪鎮 龜山鄉 蘆竹鄉 復興鄉	金壺茶 龍泉茶 秀才茶 武嶺茶 壽山茗茶 盧峰烏龍茶 梅台茶
新竹縣	關西鎮 湖口鄉 北埔、峨眉、橫山等鄉	六福茶 長安茶 東方美人茶（椪風茶）
苗栗縣	造橋、獅潭、大湖等鄉 頭份鎮、頭屋鄉、三灣鄉	明德茶（苗栗烏龍茶、龍鳳茶、仙山茶、巖茶）、老田寮茶 福壽茶（苗栗椪風茶、白毫烏龍茶）
台中縣	和平鄉	梨山茶、福壽山茶

南投縣	南投市 鹿谷鄉 名間鄉 竹山鎮 水里鄉、信義鄉 中寮鄉 仁愛鄉 國姓鄉 魚池鄉	青山茶 凍頂烏龍茶 松柏長青茶、埔中茶 杉林溪茶、竹山茶 玉山茶 二尖茶 霧社烏龍茶、廬山烏龍茶 北山茶 日月紅茶
雲林縣	林內鄉	雲頂茶
嘉義縣	梅山鄉 竹崎鄉 阿里山鄉、番路鄉	梅山烏龍茶 阿里山珠露茶、竹崎高山茶 阿里山烏龍茶
高雄縣	六龜鄉	六龜茶
屏東縣	滿州鄉	港口茶
宜蘭縣	冬山鄉 礁溪鄉 大同鄉 三星鄉	素馨茶 五峰茶 玉蘭茶 上將茶
花蓮縣	瑞穗鄉	天鶴茶、鶴岡紅茶
台東縣	鹿野鄉 太麻里鄉	福鹿茶 太峰高山茶

註：以上爲產地茶葉名稱，某些已成爲產銷班自銷的商品名稱，但不包括公司行號的產品。

三、地方優良茶比賽

20世紀70年代台灣經濟開始起飛，國內工資上漲，台灣茶外銷遇到瓶頸，無法與印度、斯里蘭卡等國外紅茶競爭，因此，台茶開始由外銷逐漸轉型為以內銷為主，同時帶動生產茶類由紅茶、綠茶，轉為包種茶、烏龍茶；生產地由北部紅壤丘陵台地，轉移到中南部山坡地；生產工廠由大型的外銷製茶工廠，轉型為茶農自產自製自銷，使台灣茶葉產製銷歷經一次重大的變革。

政府為使台灣茶葉能夠轉型成功，並為確保茶農收益起見，除一面限制南投縣鹿谷鄉農會每年舉辦優良茶展售會二個場次，春、冬茶各一場，是全島報名參加人數最多的一場，近年來報名人數每場次都近五千人。春茶於5至6月間；冬茶於12至1月間辦理。其計劃實施重點摘列如次：

計畫名稱：○○年○季高級凍頂烏龍茶分級包裝展售會計畫

評審：分初審與複審。初審由農會評茶委員擔任，複審由茶改場及農會聘請人員共同擔任。

評審標準：香氣30%；滋味40%；外觀、水色、葉底各10%。

分級方式：入圍者約為參加人數（以下基數同）的60%。評定入等人數約16%：特等一名、頭等1至頭等10各一名，不列名次頭等約2%；貳等約6%；三等約8%；其餘未入等之入圍者都列為優良茶約為44%：優良茶依香氣、滋味再直接分為三朵梅與兩朵梅兩級，但不定比例。淘汰者約40%。

品質等第依次為：特等、頭等1至頭等10、頭等、二等、三等、三朵梅、二朵梅等不同等級。

繳茶：每一茶農限參加一茶樣，以整包大包裝繳交二十二又三分之一台斤（13.4公斤）的成茶。

報名費：新台幣1,500元。統籌運用於展售會的各項活動，結算盈餘移作該會凍頂茶促銷經費。未入圍與未繳茶者可退回500元。

凡入圍之茶由農會統一價格收購800公克（一又三分之一台斤；過去慣例1,000元／台斤）。

由上列實施重點中可以發現，原來計畫是「分級包裝展售會」，是以分級包裝為重點，但現今已逐漸的變質，而專注於茶葉競賽，各單位爭相辦理，在鹿谷鄉這種的小地方，除農會這場外，又有鄉公所、合作社以及永隆社區等每年至少有八場以上的比賽。筆者發現不同主辦單位的評比水準，參差不齊相差懸殊，在茶業改良場任內曾建議茶業界應予去蕪存菁，整合為地方性的組織，使其更具水準與公信力，對於台灣各地方的特色茶推展，將會有極大的助益。

關於利益方面估計：

報名費：

1500元×5000個茶樣戶＝750萬元

再加上入圍茶由主辦單位購入5,000台斤：

5000×0.6＝3000×收購800公克＝2400公斤

2400公斤／0.6＝4000台斤×平均淨利1000元/台斤＝400萬元

另外，耗損茶：

800公克×5000＝4000公斤＝6700台斤

其中約可剩下：

4000台斤×平均1500元＝600萬元

總收入約1,750萬元，扣除必要的費用，應該還有相當可觀的純益。也就難怪有那麼多單位爭相參與主辦茶葉比賽了。

另外，評審人員1天的評審費平均3,000至6,000元不等；有些地區甚至以鐘點費1,600元／小時，一天六或八小時計算。全台灣一年有將近三百場的比賽，每場評審的時間少者3天，多者5至7天不等。

生產面積增加，每年維持在2萬公頃左右外，並積極舉辦各種促銷活動，其中由產地農會或合作社，分別辦理「地方優良茶分級包裝展售會」為一項重要措施，並逐漸發展為地方優良茶比賽，此項活動對台茶內銷市場的拓展貢獻良多，但也引發不少後遺症，值得大家共同來討論。

各地方特色茶比賽每年有二百餘場次之多，其中最具代表性的是台北縣坪林鄉農會的文山包種茶比賽，與南投縣鹿谷鄉農會的凍頂烏龍茶比賽。（前頁專欄為鹿谷鄉農會主辦的凍頂烏龍茶比賽，為讀者介紹優良茶比賽辦理情形）

筆者曾希望茶業改良場同仁，茶葉競賽應逐漸由主辦單位自行培養評審人員，本場技術人員應專注於試驗研究工作，漸漸縮小參與範圍。個人誓言不參與這項工作，依筆者數十年來的喝茶經驗，要參與評茶工作，相信一年半載也可以成為評茶高手，但說句實話，這絕不是個人的能耐，而是場長寶座厲害，大家是看中茶業改良場場長的這塊招牌，並不是說哪一個人真有多大能耐，惟苦口婆心，改革實在不易！

比賽茶講究外觀，使半球形烏龍茶的外觀越揉越緊，帶動整個烏龍茶外觀，如無法與比賽茶接近，銷路就會有問題。另外，為了揉捻能夠更加緊結，茶菁採摘也越採越嫩，使苦澀味加重，失去烏龍茶重滋味喉韻應有的韻味。這些都是比賽茶帶來的缺點。

一般認為這種評審制度太過主觀，不論初審或複審擔任評審人數約為三至五人，其中一人為主審。早期鹿谷與坪林兩鄉農會開辦比賽時，大部分是由當時茶改場場長吳與農林廳主處股長張兩人輪流擔任主審，吳氏重清香（生茶），張氏重濃香（熟茶），所以那個時候的茶農，在參加比賽報名前，都會先打聽當次比賽是哪位擔任主審，再迎合主審的口味決定焙火的程度。延續到今天，評審還是以主審的意見為馬首是瞻，其餘的人只是陪審罷了，沒有一個比較客觀的標準來衡量。在某次非正式的評鑑場合，幾位常在不同比賽中擔任主審者，同時對一批茶葉進行評鑑，採取互相不能討論與彌封的方式進行，評定結果差異極為懸殊，所以有人主張應由評審人員分別評分後，採平均值的方式決定等次，應該會比較公平客觀。

筆者任職於茶改場時，常與該場參加評審人員討論，在5,000個茶樣中，所謂特等獎與頭等1至頭等10……之間，憑著個人的口感，推上去就是特等獎，拉下來變成頭等獎（推上拉下是評審時的記號），兩者間1台斤相差數萬元，大家也未免太大膽了吧！五千個學生能夠鑑定前面幾十個中哪一個是第一名，真的不能相信，靠運氣的情況應該是比較正確吧！尤其是茶這種依個人口味決定良窳的產品，評審制度應該徹底的檢討改進。所以筆者希望茶改場人員能致力於併堆分級包裝的制度，協助茶農（農會）辦理分級包裝，比賽評審工作應由主辦單位自行辦理。實際上，鹿谷農會的分級包裝，區分為梅蘭竹菊四級，普受消費者讚賞與肯定。

比賽茶也不是一無是處，就拿鹿谷農會的比賽茶來說吧，參加者每人交13.4公斤的茶葉×5000人＝67000公斤的茶葉，所以一年兩季就可銷掉134公噸的茶葉。這是辦理比賽時，除了具有茶葉促銷的功效外，最大的貢獻，還是有其繼續維持的功能。

2003年以後行政院農委會農糧署所舉辦的全國優質茶比賽，2006年1台斤茶葉的義賣價格喊到218萬元、246萬元、256萬元（注意：只有義賣1台斤哦！），還號稱「台灣第一好茶」，這不是台灣茶的價格，義賣就是義賣，「台灣茶」不能這樣被糟蹋。義賣是一種活動，如果是義賣，這斤義賣的錢不該由茶農獲得，應捐贈給慈善團體才有意義，茶農該得的是獲獎的榮譽。否則，由政府花大把的經費籌辦這個活動就失去了意義。這也絕對不代表茶的價錢，是主辦單位哄抬的結果，台茶走到這個地步，不禁令人惋惜！

作者於優良茶展售會會場一隅

拾參

如何泡好一壺茶

關於如何泡好一壺茶

欲泡好一壺茶，茶葉種類、茶的用量、水的用量與溫度，以及沖泡時間長短等，都與茶湯滋味有極密切的關係。在茶葉鑑定一章，所談的包種茶標準泡法是茶葉3公克，水150CC.，水溫100℃，沖泡五分鐘後倒出，然後開始鑑定茶葉的色香味，這是屬於比較專業性的沖泡方法，一般消費大眾聚會品茗時，茶與水的用量可依個人經驗不同，配合水溫與時間將各項參數酌予調整，沖泡出最可口的茶湯供大家品嚐。真正泡茶高手，都是靠經驗的累積，您也可以做得到喔！大家不妨試試看吧！

一、選擇所要的茶葉

朋友或消費者常提出一個實際又有趣的問題：「怎樣才不至於受騙，而能買到價值相當的好茶葉？」俗話說：「茶烏烏，價錢隨人呼！」又說：「文章、風水、茶，識者無幾個！」在往返風景區的路上到處看到：「高山茶3斤1,000元」的招牌，不禁讓人懷疑是否真實？筆者保證，這些茶葉的品質一定低於平均數300元。一般來說4.5斤茶菁才能製成1斤茶乾，而高山茶大多是手採茶，不計算其他成本，如原料茶菁、做工等，光是採茶工資就要250至350元，因此這些茶葉絕不可能是高山茶，欲購買茶葉還是要選擇有信用的商家或茶農。實際上，購買茶葉可遵循下列原則來判斷其品質的優劣。

(一)審視茶葉的外觀

茶葉保存必須絕對乾燥，葉形完整的正茶，不能參雜有太多的茶角、茶梗、黃片和夾雜物。至於條索的形狀，則依不同的茶類有不同的要求，如文山茶呈條形、凍頂茶呈半球形、鐵觀音茶呈球形、台灣烏龍茶（椪風茶）呈自然捲曲、龍井茶呈劍片狀、紅茶呈條形或碎形等，但如前面所提，對於茶葉的外觀不需要太過於計較，只要色澤一致整齊即能合乎要求。球形茶與半球形茶過度緊結，並不代表其品質優良，有時為求外形緊結還會因處裡不當，而產生悶味降低品質。

(二)香味

茶葉最重要的是新鮮，貯藏不當會產生陳味、霉味或油耗味等異常味道，使品質降低；製造過程中所引起的不良品質，則產生菁臭味、焦味等；優良的新鮮茶葉，具有良好的花香、熟果香或蜂蜜香等，捧在雙手仔細的聞聞，即可初步判定品質的優劣。

(三)茶湯的滋味與明亮度

茶湯的顏色因種類而不同，一般依焙火與發酵程度而有所差異，火候愈高、發酵程度愈重者，茶湯顏色相對的愈濃。紅茶呈深紅色、綠茶呈翠綠色、鐵觀音茶呈琥珀色，但不論顏色深淺濃淡，茶湯顏色要明亮清澈，晶瑩剔透，才可能有優良的品質。另外，茶湯灰暗混濁，品質一定不佳；茶湯滋味醇和不苦澀，喝完喉頭有甘潤的感覺始為上品。

(四)觀察葉底

茶沖泡數次後壺中展開的茶葉稱為**葉底**，參考其葉片的完整度、顏色，芽葉老嫩程度，以及發酵程度是否符合該茶類的要求，都可做為判定茶葉品質好壞的依據。

除上述這些原則外，購買茶葉還是要靠經驗，多看、多聞、多喝是不二法門。俗話說：「物無貴賤，適口為珍。」茶是嗜好性飲料，每個人的口味不同，筆者一直強調台灣茶無好壞之別，只是能不能符合您的口味習慣罷了！因此，當朋友問到：如何能夠買到好茶時，常建議他們：第一、購買有品牌的茶葉，比較能得到保證；第二、請業者拿出1斤800至1,500元的茶葉來試喝，在幾種不同價錢的茶葉中，如果認為800元的比其他種類，甚至比最高價1,500元的茶更適合你的口味，不要懷疑就買800元的茶，不要考慮價格的問題。一般在這個價錢範圍內的茶葉，品質都是已經不錯的了，比這個價位還便宜的茶，其品質可能得不到保證，而超出這個價錢也是一種負擔，所以請相信自己的口味，看好自己的荷包，在這個原則下購買您所需要的茶葉，一定物超所值。

「茶無貴賤，適口為珍」，應依自己的口味購買茶葉

筆者認為，茶葉是用來品飲，最大的功用是解渴，首先要重視的是茶湯品質，尤其是大眾化的茶葉，只要茶湯色香味俱佳，就是上等好茶，並不需要太重視外觀。或許有人說：「茶葉與文化息息相關，是一種藝術品，評比時就是以外觀、茶湯、葉底為比賽的重要項目。」外觀雖然重要，但是筆者

還是認為，藝術歸藝術，要注重外觀、要手採、要條索緊結，那屬於藝術，藝術是無價的，一斤茶新台幣數萬元甚至數十萬元，就由藝術家們去作為吧！一般消費大眾，外觀只要看看茶菁（葉底）是否合乎一般標準，有沒有老葉或參雜即可，並不需太重視外觀，重要的是茶湯滋味。

二、泡茶的要領

泡茶的用具與方法各有不同：辦公室個人獨飲時，最常用的是玻璃杯或陶瓷杯；眾多人聚會或開會時，常用大茶壺泡茶，再分倒入個人的茶杯中；三、五好友聚在一起品茗聊天時，準備一套美觀的茶具，屬於茶藝泡茶。

(一)玻璃杯或陶瓷杯泡茶

為個人單獨飲用時最方便的泡法，但常因茶葉浸泡時間久，使茶湯苦澀難喝。最好於沖泡幾分鐘後，將茶湯倒出，需要時再沖入開水，茶葉不要長時間浸泡在茶湯中。現在的陶瓷杯大部分有放茶葉的內杯，要記得時間到，就把茶葉杯拿出來，下次沖泡前再放進去，保證不會有苦澀味，如果有苦澀味一般是浸泡的時間過長。

茶葉不宜長久浸泡於茶湯中

(二)大茶壺泡法

人數較多時使用大茶壺或茶桶泡茶，原則上與陶瓷杯一樣，不可將茶葉浸泡於茶湯中太久，使苦澀味盡出。茶葉與水的比例為1：50，例如40公克的茶葉，沖入2,000CC.的開水後約五至六分鐘倒出飲用，再次沖泡時，時間可酌予加長。原則上茶葉還是不能浸泡太久，唯有適時倒出才能泡出好茶。

(三)茶藝泡茶

茶藝泡茶是比較講究的方法，需要準備一套茶具，包括煮水器，茶壺、茶杯、茶船、茶盅、茶匙、茶巾……茶桌等等，不一而足。

茶藝泡茶

燙壺沖杯

備妥的茶壺與茶杯用熱開水沖燙一次，以提高杯壺溫度，促進茶葉香氣揮發。

置茶入壺

將適量的茶葉置入壺內，一般約壺的四分之一至三分之一，依條索緊結程度而定，條形茶略多，半球形或球形茶酌減。

沖水分湯

將開水沖入壺內覆上壺蓋，約浸泡五十秒至一分鐘即可將湯倒入茶盅，使茶湯均勻再分於茶杯中，奉給大家品飲。如未準備茶盅，也可將茶杯成行排列，分湯時往復來回傾倒，以使茶湯均勻，可惜浪費一些茶湯。早期茶人用小壺泡茶，在茶湯入杯前先將茶壺提起，輕輕搖動一、二圈，以使茶湯濃淡均勻，美其名為「關公巡城」；來回往復分湯則稱「韓信點兵」。

時間控制

第二、三泡茶亦約一分鐘即可倒出，四泡以後酌延十五秒約一分十五秒傾出，逐次順延約可沖泡五或六次。

茶具的選擇

茶藝泡茶依不同的茶類，配合適當的茶具使用，以表現該茶的特性。茶具選擇的一般原則：依茶發酵程度的輕重，或依茶湯顏色濃淡程度來選擇搭

配的茶具。綠茶、條形包種茶、高山茶等不發酵或輕發酵茶類，茶湯水色豔綠或黃綠，可使用白瓷茶具；凍頂烏龍茶屬中發酵茶類，茶湯水色金黃，可採用紅泥茶壺，配合內部白瓷的茶杯；鐵觀音茶茶湯橙黃琥珀色，可搭配紫砂壺茶具；重發酵的椪風茶或全發酵的紅茶，茶湯鮮紅亮麗，可採用外國的白瓷茶壺，配合高腳玻璃杯或咖啡杯，顯得高貴大方。泡茶時，依照個人的經驗與喜好，選擇適當的茶具，既可表現出茶葉應有的特色，更能使賓客盡歡。

茶具

(四)泡出好茶

1.置茶要適量，茶量不足（反稱水太多）時，浸泡時間可略長。茶量過多（用水不足）時，時間縮短盡速倒出，自行依經驗決定。

2.依茶葉種類決定水溫，一般以發酵程度的高低來決定水的溫度。不發酵的綠茶一般使用80℃至90℃的溫度；日本的高級玉露茶建議使用的水溫僅50℃，以避免破壞茶葉中可溶性的胺基酸；部分發酵茶與全發酵茶都以100℃較適當，但台灣高山茶為低發酵茶類，宜比照綠茶，水溫可略低。

3.條索緊結的茶葉，尤其是球形、半球形的烏龍茶、鐵觀音茶，用水溫度低時，茶葉不易泡開，所含的可溶性物質不易被釋出，因此泡茶的水溫要達到100℃，使香氣滋味盡出。

4.冷泡茶以著重香氣的條型包種茶、高山茶或綠茶較適宜；至於重滋味的烏龍茶或鐵觀音茶，冷泡時滋味喉韻較難顯現。

總之，茶量、水量與溫度以及浸泡時間互相間的調整，可以泡出好茶；最重要的是茶湯不能太濃，太濃苦澀味盡出，影響茶湯滋味；太淡又無法表現茶葉應有的特性。如何調整到最好，那就只有靠經驗囉。

另外，有些人於燙壺後隨即置入茶葉，沖入開水後立刻倒去，此稱之為

「溫潤泡」，主要的目的是幫助茶葉舒展，並使茶香有呼之欲出的感覺。有些喝茶的朋友認為這樣可以洗掉一些殘留農藥，這是錯誤的觀念，現代的農藥大多是系統性藥劑，一旦有農藥殘留是沖不掉的。確保無農藥殘留的根本辦法，要從栽培管理安全用藥著手，注意茶菁採摘的安全期，如果真有農藥殘留的茶葉即應毀棄，絕對不能流入市面，以確保消費者安全健康。

為讓初學者有所依據，謹將各種茶類沖泡之相關因素建議標準，表列如**表13-1**，以供參考。

表13-1　泡茶相關因素建議參考標準（茶與水比例約1：50）

茶類	茶量（公克）	水量（CC.）	水溫（℃）	浸泡時間（分秒）
龍井茶	6	300	85至90	五分
碧螺春茶	6	300	85至90	五分
煎茶	10	450	90	二分
高級玉露茶	15	100	50	二分三十秒
條形包種茶	6	300	100	五至六分
半球形烏龍茶	6	300	100	五至六分
椪風茶	6	300	100	五至六分
高山茶	6	300	90至95	五分
鐵觀音茶	6	300	100	五至六分
條形紅茶	6	300	100	五至六分
碎形紅茶	6	300	100	五分
普洱茶	普洱茶的飲用，宜用煎煮，不宜使用沖泡的方式。以容量500CC.的銀壺或鐵壺加水450CC.至500CC.煮沸，置入10公克的普洱茶，煎煮三至五分鐘即可倒出飲用。茶渣可再煮一次，惟水量應略減。			
冷泡茶	取條形包種茶或綠茶10公克，置入1000CC.的礦泉水中，茶的成分會緩慢的釋出，約一個小時後即可飲用。滋味隨時間由淡轉濃，數小時後將茶渣去除，置於冰箱冷藏室，或移入冷凍室中冰凍，外出旅遊垂釣緩慢解凍化冰倒出飲用，是炎炎夏日清涼又解渴的消暑聖品。			
袋茶	沖泡袋茶記得適時取出茶包最重要，否則茶湯苦澀難喝。浸泡時間長短依水量多寡與個人經驗自行斟酌，一般紙杯沖泡約一分鐘左右取出為宜。			

三、隔夜茶不能喝？

國人流傳：「隔夜茶有毒不能喝」的說法，但是現在最流行的罐裝飲料茶，不就是隔夜茶嗎？為何有那麼多的人喝？這樣的說法，到底是否正確？值得大家共同來探討。

傳統的泡茶法最簡便的就是玻璃杯、陶瓷杯的泡法，抓一把茶葉放到杯中，開水沖泡進去，喝完再沖，從早到晚，茶葉就一直泡在水中，換過新的茶葉仍是如此。再說，大茶壺泡法，也就是台灣人常說的「割稻仔茶」，抓一大把茶葉往茶壺一放，沖入開水茶葉就放在裡面，從早喝到晚，喝不完放著，明天再喝，所謂隔夜茶不能喝，指的就是這種把茶葉整天整夜泡在茶湯中的茶。

茶葉中最先溶解出來的是影響茶湯滋味的多元酚類兒茶素與游離胺基酸等物質，這些都是營養價值很高的有機物，容易滋生微生物，茶湯或泡過的茶葉只要放置二至三天，很快的就會酸敗發霉，可做最有效的印證。夏天氣溫高，茶湯放置到第二天，就如隔夜的剩菜，已經酸化腐敗，隔夜茶當然不能再喝了。

在上一節泡茶的要領中，一直強調不論用什麼方式泡茶，茶葉不要一直浸泡在茶湯中；當茶葉中對身體有益的成分溶解完以後，繼續浸泡在水中的茶葉，會把咖啡因等較安定的物質，也大量釋放出來，甚至對人體健康有害的成分都會隨時間的增加而溶解出來。因此，老祖宗建議我們：浸泡一夜的茶湯不可喝，是有道理的。隔夜茶雖未腐敗臭酸，但茶葉繼續泡在茶湯中，其成分可能有害人體健康不能喝，在過去是正確的。

隔夜茶極易酸敗發霉

現在家家戶戶都有冰箱，只要按照正確的泡茶法，將茶渣過濾後，待茶湯冷涼裝瓶冷藏就可排除上述兩項缺點，第二天繼續喝絕無問題。惟茶湯倒出來後，裡面雖沒有茶葉，但是大家是否發現，茶湯顏色會隨著擺放時間加長，而持續變濃變褐，這是正常現象，是茶湯中的成分繼續被氧化的結果，與濃度無關。

為保持清澈亮麗的茶湯，避免冷藏期間發生渾濁與沉澱現象，必須注意下列事項：

1.用水須先經過離子交換樹脂處裡。

2.茶湯務必過濾。

3.茶湯pH值應調整至6.0。

罐裝飲料茶之所以遲至20世紀末才成為市面上的新寵，就是茶湯貯藏後會有繼續氧化、產生混濁沉澱的問題，經過多年的試驗研究，終於在80年代末期獲得上述三點結論，這個問題才獲得解決，罐裝飲料茶目前銷售量，已居無酒精成分飲料的前茅。

特別提醒大家，冷藏在冰箱中的茶湯，不像罐裝飲料茶在工廠作業時已經過完全殺菌密封，可長時間的保存，就如一般的菜餚，貯放冰箱中也不能太久，在一定期限內應盡快喝掉為宜，否則很容易滋生微生物而腐壞；同樣的罐裝飲料茶開封後也應該趕快喝完，不宜再放回冰箱中貯藏。

拾肆

台灣的茶文化

關於台灣茶文化

茶是台灣傳統生活文化的一部分，一壺香氣撲鼻的好茶，提升了家庭生活品質與情趣；一壺水、一杯茶，拉近了人與人之間的距離。在今日科學昌明、工作繁忙、生活緊張的台灣工商業社會中，茶文化活動不但未朝向貴族化發展，反而走向大眾化的「生活茶藝」，實屬難得。數位親朋好友，相聚一堂，不拘形式，不求排場，隨地而安，品茗論事，天南地北，其樂融融。

一、茶藝文化

茶文化是中華文化的重要寶藏，也是東方生活文化的精髓。所謂生活文化是屬於精神層面的文化，與國家社會經濟發展息息相關。茶文化活動自有其深沉典雅的層面，不僅重視飲茶藝能，也重視飲茶時的自然環境，人際關係與茶人的心境。

歷史上茶文化光輝燦爛的年代，必定是國家社會承平，經濟文化發達的時代。茶文化源於中國，卻在台灣和日本開花結果，台灣的茶藝文化與日本的茶道文化，各形成其特有的藝術文化。

日本「茶道」注重繁瑣的表面儀式，茶具通常是由主人精挑細選的極品，以增加飲茶氣氛與風采。由數位好友齊聚一堂，邊飲茶邊討論字畫，讚賞泡茶器具，觀賞插花藝術等的社交活動。屬於中國唐宋時期的飲茶風格，較為禮教化，神秘嚴肅且拘泥於形式的一種表演藝術。在主、客人間，形成藝術表演者與欣賞者的關係。茶道表演進行間，特別營造出一種神聖的空間，提供參與者精神安寧的享受，以及造成思索與內省的氣氛，就在泡茶與啜飲之間，人的心靈與大自然得以融為一體，是一種至高無上的體驗。

台灣「茶藝」文化，趨向於明代所流傳下來的形式，象徵閒雲野鶴，自然瀟灑脫俗，不拘泥於任何形式，使茶藝活動與生活結合在一起。論茶品茗著重寧靜質樸，從茶藝的內涵下功夫，屬於較生活化的飲茶方式，不像日本茶道，注重繁瑣的表面儀式。

為因應工商業社會，飲茶風尚也逐漸由家庭走向社會，坊間茶藝館、茶樓林立，使茶飲的供應形成另一種服務業，提供人們休閒飲茶、商務洽談、民俗表演、茶藝教室與藝術美學展示等的場所。茶藝活動的蓬勃發展，對於淨化社會人心、美化生活環境與安定社會秩序等功能，深具正面的意義。吾人對於寶貴的茶文化資產，可以從歷史的根源去認知，從生活的需求去維護與發揚，不妨由下列幾個角度來探索台灣茶文化之所在。

生活化的茶藝文化

(一)茶與水

茶與水的關係有如魚與水，茶有水才能夠表現色、香、味、形，以及內容物的成分，水的質地對茶湯品質的影響力，向為茶人所重視，陸羽《茶經》六之煮對各地水質的等第有詳細的論述。明許次紓《茶疏》謂：「茶滋於水，水界乎器，湯成於水，四者相須，缺一者廢。」田藝衡在《煮泉小品》也稱：「茶南方佳木……若不得其水，且煮之不得其宜，雖佳弗佳也。」明徐獻忠《水品》亦論及茶與水的關係，品第各地水質，可見古人對泡茶用水的重視程度。自古迄今，茶人泡茶用水所追求的準則大致相同，所謂「擇水先擇源，強調水要甘、要輕、要注意貯存。」的原則，恆古不變。

(二)茶與器

器就是泡茶的器皿，結合實用與藝術於一體，是領略飲茶情趣不可或缺的器具，是台灣茶藝文化的重要組成成分。中國在唐代以前，並沒有飲茶的專屬茶具，煮茶飲茶大多使用人們日常飲食用具。日本茶道源於唐宋的飲茶風格，所以「飯碗」日人至今還是稱之為「茶碗」（ちゃわん）。陸羽《茶經》四之器，首列二十八種泡茶的專用器具，總結煮茶、泡茶與飲茶的用具，是茶業發展史上最早與最完整的茶具記錄。

今之飲茶器具泛指煮水器（爐）、茶碗、茶盞、茶杯、茶盅、茶壺、茶匙、茶船等用具。飲茶除講求茶葉本身的色香味形外，對於茶具的選擇、搭配與藝術欣賞也非常重要，茶具的輕重、厚薄、大小、色澤、種類、質地、式樣、圖案、書畫等都極為講究。常見的式樣有：潔白似玉的瓷器、巧匠細緻的紫砂壺、雕琢精細的竹木茶具、晶瑩剔透的琉璃製品、雙層真空的不銹鋼茶杯等等，都頗具藝術收藏價值。茶具的選擇除著重於堅固耐用與藝術欣賞價值外，也要依茶葉類型選擇適當的茶具，使茶葉的色香味能夠淋漓盡致的發揮。

雙杯式的茶具組

近年來，台灣在發展茶文化與飲茶藝術方面不遺餘力，雙杯式的聞香杯與就口杯，就是由台灣茶業界人士所發明，已風行於中日港台各地。

(三)茶與沖泡藝術

茶人人會泡，個個會喝，但真正要泡好一壺茶，品飲真正的佳茗，則需要經過一段很長的時間，仔細的琢磨領悟，才能達到理想的境界。不同茶類泡法各異，如何使用茶具，使茶量、水量、水溫與沖泡時間等作最適當的搭配，才能表現出清澈亮麗而不混濁的茶湯，香氣純而不鈍，滋味鮮而不滯，葉底明而不雜等泡茶技巧，其間變化多端，依個人領悟力的不同，會有不同的表現。

茶藝泡茶除講求備茶、選水、配具之外，燙壺、洗杯、置茶、沖泡、倒茶、奉茶等每一個動作，每一個環節都是細膩的，都必須符合「泡茶重藝，奉茶有禮」的原則，充分表現著「沉著的涵養」與「堅毅的精神」，這是台灣茶文化的特質，將於下節詳述。泡好一壺茶與享受一杯佳茗，是一種藝術，更是一種茶文化的象徵。台灣在茶藝文化活動的推展方面，已執世界之牛耳。但其內涵與日本茶道文化則有極明顯的差異。

(四)茶與館

中國人飲茶，除三、五好友在家論事閒聊喝茶外，坊間設有許多茶館、茶樓提供人們聚會閒聊的場所，茶館的稱呼散見於長江流域，北方稱為茶亭，南方叫做茶樓，還有茶坊、茶社、茶屋、茶肆、茶室等等不同的稱呼，雖然名稱有別，但形式與內容大同小異。惟在台灣「茶室」已被污名化，俗稱「茶店仔」隱含色情的特種行業場所。

1970年代台灣退出聯合國後，政府大力推動「復興中華文化運動」，茶界人士有感於茶文化乃中華文化的重要精髓，思考如何把茶文化活動在台灣推展，並賦予明確清新的名稱，為有別於日本沿用已久的「茶道」一辭，倡導使用「茶藝」，做為台灣推展茶文化活動名稱，台灣的茶館也就稱之為「茶藝館」，與傳統的「茶室」區隔。1977年台灣成立第一家「茶藝館」，開啟整個台灣飲茶談茶的社會風氣，潔淨幽雅的茶藝館，至1981年台北地區已陸續開設陸羽、紫藤廬等八家，發行聯合名片廣為宣導，茶藝館遂散見於各大城市。1982年「台灣茶藝協會」與「中華民國茶藝協會」相繼成立，為宣導茶藝文化，倡導飲茶風氣的民間團體。有關茶文化的書籍陸續出刊，飲茶、談茶、研究茶學一時成為時代風尚。影響所及，台灣的茶葉消費量大幅的提升，2003年每人每年的消費量達1,647公克，是1984年消費量680公克的2.42倍，這個數字可能也是居世界第一。台灣的茶文化運動，隨著台商在大陸的活動，已拓展到中國各大都會，上海、北京……到處可見到台灣茶藝館。

茶會一隅

(五)茶與生活

台灣民眾已將茶完全融入於日常生活中，在工作之中，閑暇之餘，或親友聚會，促膝長談，沏一壺好茶，把盞品茗；或至茶藝館、茶樓議事商談，亦飲亦憩。送往迎來，交際應酬，婚喪喜慶，處處可見茶的痕跡。茶會是一種儉樸、莊重、隨和的社交聚會形式，廣泛應用於各種社交活動，品茗嚐點，相互交談，促進交流，無形中拉近人與人間的距離，深受國人所喜愛。

(六)茶與文學藝術

茶與琴棋書畫具有清雅、質樸、自然、美學等共同特質，吾人對飲茶藝術的欣賞，既是物質享受，也是精神感受，更是獨特的藝術欣賞。在飲茶品茗的過程中，產生許多的聯想與感受，將茶發之為詩，敘之為詞，托物喻事，用以表達情感，從而留下許多感情豐富，美妙橫生的詩詞歌賦與畫作，讓人們也間接的欣賞到品飲與文學藝術的美妙情趣。古籍中以茶為題材的文學作品，琳瑯滿目，體裁多樣，妙趣橫生，大多表現以茶會友，相互唱和，觸景生情，抒懷寄情，或為憂國憂民，傷事感懷，充分表達茶與文學創作間相互映輝的密切關係。

台灣各茶區每年有上百場次的優良茶品評比賽，採廟會式的展售方式，是另一種茶文化的表現，除茶葉產製技術面的競賽觀摩外，也屬於一種綜合民俗、社會、商業、文化等多功能的活動，使產製銷業者與消費大眾能夠直接面對面的接觸，增進彼此間的認識與了解，進而促銷茶葉，豐富人們多采多姿的生活。

二、茶藝禮節

近年來台灣茶文化界發展出一套「茶藝禮節」，或稱「茶藝禮儀」的表演程序，以推廣飲茶文化，在農會茶業推廣中心與茶藝文化團體的共同推展之下，普受社會大眾歡迎，尤其在茶鄉的學校、社團間廣為流傳。謹將其過程略述如次：

首先，依照參觀人數的多寡，選定一處適當的表演場所，事先規劃需要的桌椅與道具的擺設，一應俱全，準備就緒。

1.就定位：參與表演之泡茶者與品茗者就定位。

2.檢視茶具擺放於適當位置：茶具包括茶罐、煮水器、茶壺、茶杯（單杯或雙杯式的聞香杯）、杯托（或稱茶托）、茶盅、茶則、茶匙、水方、茶船等。

3.溫茶壺與茶杯：以沸水注入壺中約七分滿使茶壺溫熱，再將壺中的水逐一倒在每個杯子上，同時將茶杯溫熱。茶禮講究儉樸的美德，用水應珍惜。

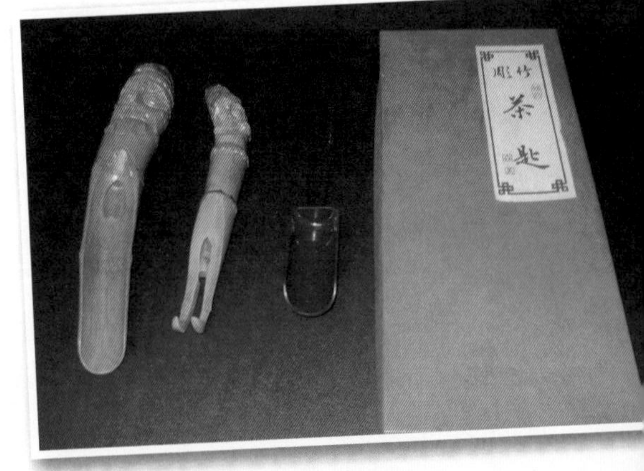

茶則與茶匙

4.置茶：將茶罐傾斜45度角，茶則輕輕伸進茶罐中，轉動茶罐使茶葉自然掉落茶則中，掏茶入壺，約壺的四分之一至三分之一，視茶葉緊結度而定，茶量適中才能表現出茶優美的特性。

5.溫潤泡：為幫助茶葉舒展，半球形或球形茶可用沸水沖入，立刻倒出，使茶香有呼之欲出的感覺。適當的使用茶巾，倒出茶湯後應將茶壺底部在茶巾上沾乾，使整個泡茶過程看來整潔有序。

6.沖泡：注入開水以九分滿為原則，切忌過滿使壺水溢出，有粗魯不雅的感覺。前三泡茶約五十秒至一分鐘倒出，四泡以後每次延後十五秒，半球形茶可沖六泡以上，條形茶沖泡次數略少。

7.分茶湯：斟酌上述時間，將茶湯適時倒入茶盅；茶盅的使用可使茶湯濃淡均勻，茶渣沉澱。分茶湯時由右至左緩慢注入杯中，動作圓融優雅。

茶盅與茶杯

8.奉茶：最左的一杯留給自己置於左下，其餘由右至左逐一將茶奉出；如使用雙杯式的聞香杯，先將就口杯置於茶托上奉出，接著奉出已注入茶湯的聞香杯。

9.請客人聞香品茗：單杯式的品茗，先聞茶湯的香氣，慢慢淺嚐茶湯滋味，再聞杯底所留下的香味。雙杯式的品嚐，每個人受茶後自行將聞香杯的茶湯緩慢的傾入就口杯，然後把玩欣賞杯底的香味，再細緻的品嚐茶湯的滋味；這時泡茶者可繼續準備沖泡第二道茶。

10.續杯：主泡者喝完第一杯，將茶杯置於左方的位置，暗示客人即將再奉上另一泡茶，並引導客人將杯子放回適當的地方，也可以將茶盅的茶湯直接倒入客人的杯中，動作要永遠保持優雅美觀。

11.收杯結束品飲：當茶沖泡五至六泡後味道已淡，主泡者將自己的杯子放在最左邊，然後再由右至左，逐一收回客人的茶杯，依序排放整齊，結束這一次的品飲活動。

12.茶禮結束：參與者應起立向泡茶者表示感謝之意，大家向主泡者一鞠躬，泡茶者同時起立回敬，實際上看到的是大家互相一鞠躬。

13.燙杯與歸位：為方便洗滌避免茶漬留在茶杯上，乾後不容易清洗，茶杯應用開水燙過再歸位。

14.清理茶壺：將壺中的茶渣用茶匙掏出，置入水方中，用開水注入茶壺與茶盅內，洗滌茶渣與茶垢。

15.茶藝禮儀完成：將水方清理乾淨，茶具全部回歸原位，此時才算完成整個茶禮表演。

水方

茶藝禮節的推廣，有助於社會人心淨化，也能培養新一代的飲茶人口，進而促進茶葉銷售，增進茶農收益。

三、茶會方式

茶會是以茶會友的聯誼聚會，茶人懷著誠摯與惜緣的心，在喝茶品茗嚐點之餘，閒聊或設定專題，互相討論觀摩與學習，以增廣見聞，養成良好的交誼活動習慣與生活習氣，珍惜每一次的相聚。茲介紹幾種不同的茶會席次，以供參考。

(一)移動式的茶會

一般以四人為一組，採移動的方式進行，由其中一人擔任主泡者，另外三人則為茶侶，以茶會友，互相交誼，是一種合乎中華茶藝所追求的「清敬怡真」、自然泡法的生活茶會方式。除聞香品茗外，並相互欣賞茶具，互相觀摩切磋與學習。泡茶時選用不同的茶類，第一種茶泡

移動式茶會

完結束後，交換席次，更換第二種茶沖泡，也改由其他茶侶擔任主泡者，原主泡者輪為茶侶，以此類推更換角色，茶會結束時，攜帶自己的茶杯，回到原來的席位。

(二)固定席次的茶會

以茶宴的方式進行，泡茶者位於客人的前面，或安插於客人座次之間，會場並安排有音樂演奏，配合茶與音樂的解說，使客人在品茗嚐點之餘，能夠深刻的感受到茶的特質，以及音樂所傳遞的訊息，讓人有心曠神怡的感覺。一般在節慶時諸如：迎春茶會、嫦娥茶會（中秋節）、生日茶會、畢業茶會，或特定題目如「茶與音樂的對話」等舉辦，是茶藝生活化的另一種表現。

配合音樂演奏固定席次的茶會

(三)流水席式的茶會

會場由主辦單位事先規劃固定的茶攤，分別依照不同的茶類如凍頂烏龍茶、文山包種茶、椪風茶、鐵觀音茶、龍井茶、紅茶、普洱茶等擺設茶攤，布置成該茶特有的形式風格，由主泡者表演沖泡藝術，並負責解說該茶類的特色與茶業相關疑難問題。客人自行拿著茶杯到各攤位，主動的將茶杯擺在攤上，由表演者斟上一杯熱茶，一邊品茗、一邊欣賞茶藝表演，互相交流，增廣見聞，結交新茶友。

(四)大家泡茶式的茶會

參與者每個人都準備茶葉、茶具，泡茶分給大家喝的交誼形式，是無我茶會、歡喜茶會等團體採用的茶會方式。大家在廣場上圍成一個大圓圈，每個人泡上四杯茶，約定三杯奉給左邊的三位茶友，或左邊第二、四、六位茶友，留給自己一杯。為何奉給左邊的茶友，不給右邊的茶友呢？乃因一般人多數習慣使用右手，奉給左邊較為順手的緣故。泡完約定沖泡次數以後，各自收回茶杯茶具，結束當天的茶會活動。

大家泡茶式的茶會

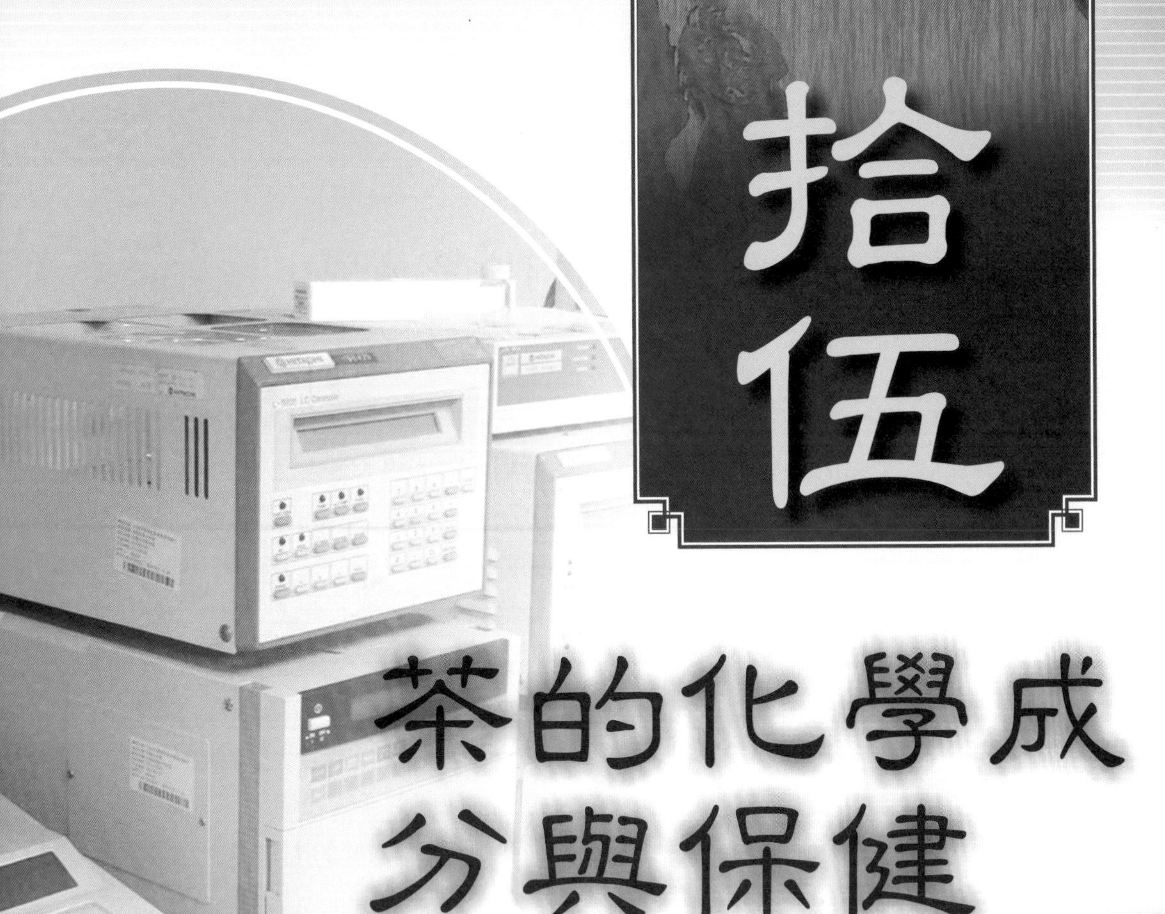

拾伍

茶的化學成分與保健

關於茶保健

茶的保健功效除抗氧化與防癌之外，尚有：(1)降低血脂、膽固醇、低密度脂蛋白、預防心血管疾病；(2)預防高血壓；(3)降血糖、預防糖尿病；(4)預防齲齒；(5)殺菌、抗病毒等也有顯著的功效，國人常說「癌症要早期發現早期治療」，但這已是第二階段的治療。要在人體尚未產生癌細胞時，就在體內建構一個不適合癌細胞產生的環境。人體細胞會自動製造活性氧與活性氮等自由基，這些自由基一旦去攻擊DNA或基因，就會造成基因的突變，形成癌細胞。茶的多元酚類成分正可避免細胞製造這些活性氧和活性氮等自由基，只要在日常生活中多吃蔬菜水果、多喝茶，身體就能夠自動建構完成預防癌症產生的環境，而台灣的包種茶類有天然的香氣與甘醇的滋味，不論是色香味都聞名於全球，是世界上公認最好的茶葉，人們為求預防保健，「平平要飲」當然要以我國的烏龍茶、包種茶為首選，既可細膩的品飲嚐用，又可達到預防保健的效果，何樂而不為呢！

一、茶的化學成分

茶葉之利用在中國已有數千年的歷史，先是作為藥用、食用，再發展為飲料用。中國人對於化學的應用，常止於修道煉丹之術，對於各種藥物食物的利用，也只憑經驗傳承，至於化學成分則未盡了解。近代西方文化東漸，利用科學儀器分析，對於茶葉中的主要成分，已有比較清楚的了解。

茶菁中的化學成分，依品種、生長部位、生育環境及栽培管理條件不同而有顯著的差異。成茶的成分，在製茶發酵過程中，由原有成分發生氧化、分解、聚合等反應而來，因此不同發酵程度的茶，所含的化學組成分也就截然不同。成茶中的水溶性部分，即為茶湯中所含的化學成分，直接影響茶的品質。茶的所謂發酵，有別於酒精發酵，後者為外加酵母菌所發生的化學變化，前者發酵係茶菁內部成分，發生氧化、分解與聚合的種種變化，屬於自體的內部化學變化，兩者性質完全不同。茲將茶葉中重要的成分簡介如次：

(一)咖啡因

咖啡因（Caffeine）又稱咖啡鹼或茶素，屬強有力的生物鹼，能刺激中樞神經之興奮劑，所以有提神解勞的功用。自然界中僅茶、咖啡、可可、冬青等少數植物含咖啡因，這些植物都屬於可供食用的嗜好品。茶之咖啡因含量約為乾物重的3%至4%，帶苦味。

一般認為，茶湯中兒茶素與咖啡因結合，可減緩咖啡因對人體的刺激性，而咖啡中未含有兒茶素，咖啡因的刺激作用是直接的、是立即的。所以說：「茶的刺激性屬於王道，咖啡較為霸道。」紅茶茶湯冷卻後所形成的茶乳，是一種不溶性膠質沉澱複合物，咖啡因為其重要成分之一，與茶湯活性有直接關係，所以咖啡因在紅茶品質優劣上，有決定性的重要性。

不同季節生產的茶菁，其咖啡因含量依次為秋夏冬春。製茶過程與儲藏期間，咖啡因的變化不明顯，堪稱為一種穩定的物質。

(二)多元酚類

茶葉中含量最多的可溶性物質為**多元酚類**（Polyphenols），約占乾物重的30%，這中間有80%屬於兒茶素類（Catechins）。**兒茶素類**又分為酯型與游離型兩種，具苦澀味，為影響茶湯水色與滋味的主要物質。適製紅茶品種的兒茶素含量，高於適製包種茶與綠茶品種。不同採摘季節的茶菁，兒茶素含量高低依次為夏春秋冬。葉片中的兒茶素含量，則依茶芽成熟度而遞減。

製茶過程中，兒茶素被茶葉本身的酵素所催化，發生氧化聚合反應，產生茶黃質、茶紅質與其他有色物質，同時也是促成胺基酸類、胡蘿蔔素及脂類等成分變化的原動力。經這些複雜的化學變化，形成影響茶葉香氣、滋味、水色等物質的過程，稱之為「茶葉發酵」。茶葉製造是以控制兒茶素在發酵過程中的氧化聚合反應度，使其各具不同茶類的特色。兒茶素是帶動整個茶葉發酵的關鍵性物質，為茶葉中最重要的成分。

(三)游離胺基酸

茶葉中游離胺基酸（Free Amino Acids）多達二十餘種，約占乾物量的1%至2%，其中茶胺酸含量最多，占有50%至60%。茶胺酸為茶所獨具，味帶甘，有調味料味素的滋味，主要存在於茶梗中，就葉片而言，以幼嫩之一心一葉為多，隨成熟度而遞減。

游離胺基酸不僅與茶湯滋味有密切關係，也是茶葉香氣的先趨物質，在焙火的過程中，與還原醣產生梅納反應，使茶葉具有焙火香味。日本名貴的玉露茶，茶菁在採摘前用遮蔭網遮蓋一段時間，以增加葉綠素及茶胺酸含量，提高茶葉品質。玉露茶具有濃濃的味素味道，乃味素所含麩胺酸，與玉露茶的茶胺酸，化學組成極為類似所致。另據蓑田氏研究，含多量胺基酸的茶葉，對糖尿病患者有治療的效果。

(四)色素

茶葉中所含的色素有多種，大致可分為不溶性與可溶性兩大類，其中含量較多的有葉綠素與類胡蘿蔔素，兩種都是脂溶性，不溶於水，並非單一的

化合物，乃依不同比例的組織成分存在。目前所知，類胡蘿蔔素至少有十四種之多，依茶菁發育成熟度不同，成分互異，其顏色亦有顯著的差異。

茶葉成分萃取裝置

葉綠素含量與成茶外觀色澤有密切的關係，尤其是與部分發酵茶關係最為密切。綠茶與輕發酵茶外觀顏色主要由葉綠素來決定。鮮葉經蒸菁或炒菁後，葉中的活性物質被破壞，葉綠素則被固定，形成特有的淡綠色外觀。炒菁如處理不當，使葉綠素分解形成綠褐色，將影響成茶外觀顏色。葉綠素不溶於水，因此不影響茶湯顏色。綠茶淡黃綠色的茶湯顏色，主要是來自黃酮類與其他物質經輕度氧化所形成的有色物質，與葉綠素無關。

類胡蘿蔔素的顏色，在葉綠素遭到破壞而減少時才會顯現出來，成茶外觀中所顯現的黃褐色，有部分是來自類胡蘿蔔素。目前證實，在製茶過程中，有部分類胡蘿蔔素會轉變為香氣，類胡蘿蔔素亦被認為是茶葉香氣的先趨物質之一。

其他花青素、花黃素等對茶葉亦有影響。**花青素**含量多的茶菁，製成紅茶或綠茶，其外觀色澤與茶湯水色均不佳。含量多時茶葉概呈紅色或紫色，極微時呈鮮綠色。**花黃素**在日光直射下含量較多；品種間大葉種較小葉種為多。花黃素與紅茶水色有密切的關係，含量多具有優良的水色。因此，經數日晴朗過後所採的茶菁，能製出優良的紅茶。

(五)揮發性物質

茶葉中的**揮發性物質**為香氣的最主要來源，包括醇類、醛類、酮類、酯類以及含氮的化合物等。鮮葉中以含醇類化合物為最多，其中屬低碳脂肪族化合物者，具有青草氣息；屬芳香族化合物類者，具有花香氣味。綠茶的香氣以醇類以及「1，4–2氮3烯陸環」類（Pyrazine）等種類較多，具有醇類的清香與花香；含氮化合物在製茶過程中，經烘炒所產生的香味，稱為烘炒香。紅茶香氣的濃縮物約為綠茶的4至5倍，以醇類、醛類、酮類及酯類較多，大量的醛、酮及酯類在製茶加工過程中，由生物氧化作用所生成，具水果香及花香。

部分發酵茶之發酵程度約在紅茶的20%至30%之間，具有優雅的花香，據日本山西貞氏研究發現，包種茶中含有大量的橙花椒醇、茉莉內脂、茉莉酸甲酯、吲哚、苯甲基氰化物等。其中茉莉內脂與茉莉酸甲酯為茉莉花之主成分，包種茶本身即含有這兩種成分，具有濃烈的茉莉花香氣，連茉莉花薰花茶都無法取代，真不可思議。

(六)碳水化合物

茶葉之構造大部分為纖維素所組成，約占乾物重的12%，但其不溶於水，不會進入茶湯中，在製茶過程中亦不起顯著的變化。醣類在茶葉中含量極少，依生長環境與製造方法略有差異；果膠類含量頗多，溶於沸水影響茶湯濃度；澱粉含量甚少，嫩葉少老葉多。

(七)灰分及其他鹽類

除上述所列之重要成分外，茶葉尚含有許多其他無機及有機鹽類，灰分約占乾物重的5.5%。

二、茶的保健功能

茶之為用是以藥為始，數千年來，上自名人雅士，下至販夫走卒，多認為茶有保健功能，但也僅止於主觀的詠懷，很少有人能夠做功能性的深入探討。近代科學昌明，學者們對茶的保健功效，做了許多深入的研究，在報章雜誌或網路上，常看到有關綠茶、紅茶可以抗氧化、防癌、抗癌的種種研究報告，偶爾還會看到普洱茶的相關報導，但是很少提到包種茶或烏龍茶的保健功能，許多親朋好友也常向筆者提出：我們的包種茶與烏龍茶是否也有相同功效的問題？

仔細閱讀這些報導，絕大部分是由歐美或日本的學者所完成，在本書第一章第六節中吾人已知世界茶葉總產量，紅茶占69.1%，綠茶占25.49%，其他茶類僅占5.41%，其他茶類只在台灣與中國大陸生產。歐美人士喝紅茶，日本人飲綠茶，中國大陸也以綠茶為主，在這些國家中很少有人飲用包種茶或烏龍茶的。現在讀者應該知道為什麼沒有談到包種茶與烏龍茶了吧！因為這些學者們能拿到的茶類不是紅茶就是綠茶，除非特定要以包種茶或烏龍茶為研究目標，否則閉著眼睛都能夠摸到這兩種茶類，因此他們不會提到包種茶與烏龍茶。偶爾提到普洱茶是因為商人促銷的手法，普洱茶的化學成分，似乎還需要再進一步研究證實。

我國台大醫學院生化研究所教授林仁混（音ㄎㄨㄣ）和他的團隊，有關茶葉與癌症預防的研究，發現茶多元酚類含量與抑制癌症的效果有極密切的關係，他的團隊是台灣這方面唯一的研究單位，也可能是世界上唯一將包種茶與烏龍茶列為研究材料的團隊。1991年筆者任職於茶業改良場場長時，曾舉辦「台茶研究發展與推廣研討會」，特別邀請林仁混教授擔任：「茶的保健與防癌原理」專題演講，這篇文章立論精闢，值得提供大家參考與欣賞。謹將其講述內容摘述如下，祈對於人們的疑惑有所了解。

(一)茶最重要的成分——多元酚類

學者對於茶葉的保健作用，鎖定在最重要的成分**茶多元酚類**（Tea Polyphenols）上，許多茶的生化與藥理作用，都可經由多元酚類來表現。茶葉中多元酚類的含量高達乾物重的30%，其中80%為兒茶素（Catechins），茶葉類別通常分不發酵的綠茶，全發酵的紅茶，部分發酵的包種茶與烏龍茶，後發酵的普洱茶四大類，其所含的多元酚類大致略述如次：

1. 綠茶：所含的多元酚類包括有六種兒茶素（Catechins），其化學名稱分別為Catechin；（-）Gallocatechin；（-）Gallocatechin-3-Gallate；（-）Epicatechin；（-）Epigallocatechin；以及（-）Epigallocatechin-3-Gallate（EGCG）。在這些多元酚類中以EGCG含量最多，生物活性也最高，所以研究報告多以EGCG為代表，作為綠茶的生物活性與保健作用的研究指標。
2. 紅茶：所含的多元酚類為Theaflavin（TF-1）；Theaflavin-3-Gallate

（TF-2a）；Theaflavin-3'-Gallate（TF-2b）；Theaflavin-3，3'-Digallate（TF-3）；以及Thearubigins。其中以TF-3之生物活性最高，在研究設計上即已TF-3為代表，做為紅茶保健作用的研究指標。

3.包種茶與烏龍茶：所含的多元酚類有特殊的化學構造，如Theasinesin A便是其中的一種，其多元酚類結構相當複雜，有待進一步研究。

4.普洱茶：屬於後發酵茶類，所含的化學成分尚不了解，需再進一步研究。

(二)茶的生化與藥理作用

近年來醫學界對茶的生化與藥理研究報告甚多，可綜合歸納為下列十種：

1.抗氧化作用（Antioxidant Effect）：其中又包括捕捉自由基的能力。
2.抗細胞增生作用（Antiproliferation Effect）。
3.抗細胞突變作用（Antimutagenic Effect）。
4.抗發炎作用（Antiinflammatory effect）。
5.抗過敏作用（Antiallergic Effect）。
6.抗脂質增高作用（Antilipidemic Effect）。
7.抗致癌作用（Anticarcinogenic Effect）。
8.癌症化學預防作用（Cancer Chemoprevention）。
9.誘發細胞凋亡作用（Apoptosis Induction）。
10.安神鎮定作用（Tranquilizing and Sedative Effect）。

以上除第十項有關安神鎮定作用尚待研究外，其他各項均已獲得國內外學者證實。

(三)茶的防癌作用

茶的防癌作用是近二、三十年來才被重視，並加以研究的一種新的保健功能。《千金要方》上面說：「上醫者醫未發之病，中醫者醫欲發之病，下醫者醫已發之病。」對癌症這種難纏的疾病，應以醫未發者（預防）為上

策，依動物實驗報告結果顯示，茶能預防癌症是肯定的。早期有關飲茶對人類癌症預防的相關研究報告結果相當分歧，這些流行病學調查都以問卷為主，因此無法正確評估每人茶的攝取量，結果相當不一致。後來有幾個日本學者發表的研究報告，利用對茶的攝取量進行嚴格的控制，結果顯示，飲茶可延遲或預防人類癌症的發生。

綜合「茶或茶多元酚」可防止動物癌症發生的許多研究報告，結果大致可歸納為三點結論：

1.可抑制由致癌物質在動物體中所誘發出來的各種癌症。
2.可抑制接種到動物身上的各種癌症。
3.可抑制生長在動物體上的癌細胞生長、入侵或轉移。

(四)茶與茶多元酚類的防癌原理

1.致癌作用（Carcinogenesis）：從一個正常細胞轉變為癌細胞的病理過程稱為致癌作用。其過程相當複雜，大致可分為：癌之起始作用（Tumor Initiation）、癌之促進作用（Tumor Promotion）與癌的擴展作用（Tumor Progression）等三個步驟，因此稱之為多步驟的致癌作用（Multistep Carcinogenesis）。為了完成此一複雜的致癌作用，將牽動細胞中一些重要的致癌基因（Oncogenes）之活化，以及一些抑制癌因子基因（Tumor Suppressor Genes）之去活化。
2.細胞中的活性氧（Reactive Oxygen Species, ROS）與細胞致癌作用有密切的關係。研究顯示，ROS在細胞中可活化許多與生長有關的基因；換言之， ROS是調控細胞生長很重要的因子，ROS也可促進已存在於細胞中癌細胞之生長。從致癌作用的觀點看來，ROS也是一種癌的促進者（Tumor Promotor）。
3.林教授的研究團隊已證實，茶多元酚如EGCG及TF-3都可抑制產生ROS如Xanthine Oxidase之活性；另一方面，茶多元酚類應可抑制癌之促進作用，也有捕捉ROS的能力。
4.細胞受到紫外線、輻射線等刺激，或是微生物感染，可活化NFκB調控基因，進而活化氧化氮合成酵素（iNOS）或環氧酵素

（Cyclooxygenase-2）。研究得知這兩種酵素之活化，都可加強致癌之促進作用；反過來說，如果能夠抑制這兩種酵素活化，就可抑制致癌的促進作用。該團隊亦證明，茶多元酚類EGCG及TF-3皆經由抑制NF κ B之活化機制來抑制這兩種酵素；TF-3可強烈的抑制I κ B Kinase，使I κ B之磷酸化作用及分解作用都無法進行，所以NF κ B之活化完全受阻。

5.林教授的研究團隊證實：烏龍茶中的茶多元酚Theasinesin可使各種癌細胞引起細胞凋亡作用（Apoptosis），其機制是經由Cytochrome C之游離，活化Caspase-3與PARP，並且抑制ICAD或DFF-45。茶多元酚引起的癌細胞凋亡作用，將可抑制癌細胞的促進與擴展作用，也可能是茶多元酚發揮防癌作用的原理之一。研究中他們也觀察到其他的植多元酚（Phytopolyphenols），如薑黃素（Curcumin）、芹菜素（Apigenin）等對多種癌細胞也有引起凋亡作用。尤有進者，薑黃素對惡性癌細胞之凋亡作用更為強烈，但對正常細胞並無明顯的凋亡作用，故將其做為防癌製劑的選擇，至為可取。

6.研究顯示，許多與細胞生長或癌細胞之促進有關的酵素，都可受到茶多元酚的抑制。茶多元酚類EGCG或TF-3可抑制人類癌細胞A341的DNA合成；也可抑制表皮細胞因子受體（EGF receptor）上的蛋白酪氨酸激酶（PTK）之活性；PDGF Receptor上的PTK也受到抑制。另外，也發現EGF與EGF-Receptor之結合，以及RGF-Receptor之自我磷酸化作用（Autophosphorylation）都會受到茶多元酚類的抑制。細胞分類的某些酵素，如Cdk-2和Cdk-4等也會受到茶多元酚類的抑制。而Cdk-Inhibitor，如p21及p27卻會被茶多元酚類所提升。如此，癌細胞分裂就被茶多元酚類抑制停留在GI-Phase。由這些結果推論，茶多元酚類可經由訊息傳導（Signal Transduction）之阻斷，來抑制癌細胞之生長，達到防癌的效果。

林教授最後指出，過去歐美和日本學者，大多只注意到茶多元酚類的抗氧化作用，認為茶的防癌作用可能來自抗氧化，但這只是防癌原理之一。依據林教授的研究結果，茶多元酚類亦可經由多種機制來阻斷細胞訊息傳遞，可能是更為重要的防癌原理。

最後他也提出茶的保健與防癌之有效成分以茶多元酚類為主，若為藝術品嚐，高價位的茶是需要的；若為平常保健之用，一般平價茶即可提供有益的茶多元酚了！

林教授在另一篇報導中認為，國人常說「癌症要早期發現早期治療」，但這已是第二階段的治療。要在人體尚未產生癌細胞時，就在體內建構一個不適合癌細胞產生的環境。人體細胞會自動製造活性氧與活性氮等自由基，這些自由基一旦去攻擊DNA或基因，就會造成基因的突變形成癌細胞。茶的多元酚類成分，正可避免細胞製造這些活性氧和活性氮等自由基。只要在日常生活中多吃蔬菜水果、多喝茶，身體就能夠自動建構完成預防癌症產生的環境。

茶的保健功效除上述抗氧化與防癌之外，還有：(1)降低血脂、膽固醇、低密度脂蛋白、預防心血管疾病；(2)預防高血壓；(3)降血糖、預防糖尿病；(4)預防齲齒；(5)殺菌、抗病毒等，也有顯著的功效，國內外學者已有許多研究報導，本文不再贅述。至於烏龍茶抗氧化與否的問題，在防癌原理中林教授已有詳細的闡述，請大家參考。

最後，筆者要強調的是，台灣的包種茶類有天然的香氣與甘醇的滋味，不論是色香味都聞名於全球，是世界上公認最好的茶葉，人們為求預防保健，「平平要飲」（台語：既然要喝之意）當然要以我國的烏龍茶、包種茶為首選，既可細膩的品飲嚐用，又可達到預防保健的效果，何樂而不為呢！

三、油茶樹、苦茶油與茶籽油

油茶樹又稱山茶樹或苦茶樹，在植物分類學上屬於山茶科山茶屬的常綠小喬木，英文名稱為Oiltea Camellia。目前台灣的油茶樹有栽培種（Camellia Oleifera）與野生細葉種（Camellia Tenuifolia）兩種，栽培種果實較大，俗稱大果種油茶，野生細葉種果實較小，俗稱小果種油茶。油茶樹與一般栽培的茶樹同屬於山茶科，但各為不同屬（茶為茶屬）的植物，高約2至3公尺，一般栽培大果種油茶，葉片色澤較淡，其植株型態與一般茶樹極易分辨。開花結果多，果實大，直徑約在1.0至2.0公分左右，純為生產果實以供榨油的品種，其種子含油量高達25%至30%，較茶樹的含油量23%至27%略高。

油茶樹與茶樹的種子所提煉而成的油脂，一般統稱茶油，其中油茶樹生產者稱**苦茶油**，一般品種生產者稱**茶籽油**，作為分辨。

苦茶油與茶籽油

提煉方法有壓榨法與萃取法兩種：壓榨法是採用機械直接壓榨種子取得油脂；萃取法是先以正己烷溶劑浸泡壓碎的種子，加熱至65℃至70℃萃取，經過濾後以真空濃縮機去除正己烷溶劑取得油脂。此二種方法各有其優缺點，壓榨法無法完全榨乾油分取得油脂，但無溶劑殘留問題；萃取法所獲得的油脂較完全，但溶劑欲100%的去除，實際上比較困難。

地球上常用的木本食用油料植物有十餘種，首推油茶樹、橄欖樹、棕櫚樹與椰子樹等為四大木本植物油，其中橄欖油是世上公認最好的食用植物油，苦茶油與橄欖油所含脂肪酸成分類似，同列最佳的食用油類，而有「東方橄欖油」之稱。事實上橄欖油的不飽和脂肪酸含量為75%至90%，而苦茶油中的不飽和脂肪酸含量更高達85%至97%，比橄欖油還高，居各種食用油之冠。

食用油中的油脂又分飽和脂肪酸、單元不飽和脂肪酸與多元不飽和脂肪酸三大類。（如**表15-1**）飽和脂肪酸是動物性油脂的主要成分，是構成膽固醇的主要來源，多吃會有心血管疾病的問題。

表15-1　不同植物油所含的脂肪酸成分表（%）

類別	苦茶	茶籽	橄欖	棕櫚	芝麻	花生	葵花	黃豆
A	10.5	19.0	15.3	35.8	15.6	20.8	11.8	15.7
B	82.5	55.4	75.3	49.1	40.7	40.5	23.3	22.7
C	7.0	25.6	9.4	15.1	43.7	36.7	64.9	61.6

註：A：飽和脂肪酸；B：單元不飽和脂肪酸；C：多元不飽和脂肪酸。
資料來源：行政院衛生署（2004年11月），「台灣地區食品營養成分資料庫」。

單元不飽和脂肪酸與多元不飽和脂肪酸在植物性食用油中含量較多，可提供人體必需胺基酸的成分，清除體內的膽固醇。植物油中棕櫚油與椰子油也含有較多量的飽和脂肪酸，多吃也有動物性油脂的副作用。

營養界認為不飽和脂肪酸具有「不聚脂」的特性，能阻斷人體內臟與皮下脂肪的生成，而有效的促進人體健康。另外，苦茶油也含有豐富的蛋白質、山茶甘素、維他命A、維他命E，以及天然抗氧化劑（Tocopherols）等，能開胃、促進食慾與養顏美容，營養價值高，為有益健康的高級植物性食用油。1995年版的《中國藥典》，將苦茶油列為藥用油脂，除可預防與治療高血壓及心血管等疾病外，尚有清熱化濕等功效。

苦茶油含豐富的單元不飽和脂肪酸，單元不飽和脂肪酸的攝取，對人體健康有正面的幫助，單元不飽和脂肪酸主要由油酸（Oleic Acid）與亞油酸（Linoeic Acid）組成，能幫助腦細胞的生長。不管是單元或多元不飽和脂肪酸，都會使膽固醇總量下降，但單元不飽和脂肪酸會提高好的高密度脂蛋白膽固醇（HDL），降低不好的低密度脂蛋白膽固醇（LDL）含量。而多元不飽和脂肪酸會使好的高密度脂蛋白膽固醇（HDL）與壞的低密度脂蛋白膽固醇（LDL）全部一起下降。

食用油是否耐高溫，可藉由以下兩項來判斷：

1.食用油的發煙點，也就是油脂加熱到產生油煙的溫度，醫學上認為油煙傷肺與傷皮膚。
2.不飽和脂肪酸的含量，實驗證實不飽和脂肪酸含量高的油脂，在高溫下容易產生自由基等可能致癌的有害物質。

一般含不飽和脂肪酸高的油脂，發煙點較低，不宜高溫油炸。苦茶油的不飽和脂肪酸含量接近90%，發煙點為180℃，經高溫加熱後容易產生自由基等有害物質，因此建議最適宜的食用方法是把食物燙熟後，加入苦茶油涼拌。苦茶油與橄欖油的性質相近，均不宜作為油炸用油。（如**表15-2**）

表15-2 各種食用油脂的發煙點（℃）			
油脂種類	發煙點	油脂種類	發煙點
花生油	162	精製豬油	220
茶籽油	169	紅花仔油	229
苦茶油	180	烤酥油	232
橄欖油	190	大豆沙拉油	245
玉米油	207	蓬萊米油	250
葵花油	210		

另外，茶農有時也會採收一般栽培茶樹種子作為榨油原料，即上表之茶籽油，茶籽油所含的不飽和脂肪酸總量雖也高達81%，惟其單元不飽和脂肪酸含量為55.4%，較苦茶油的82.5%為低；而多元不飽和脂肪酸的含量25.6%，則較苦茶油的7.0%高出許多。

台灣苦茶油又稱「山茶油」、「茶仔油」，苦茶油品質雖好，但價格昂貴且發煙點低，較少直接用來炒菜或油炸，一般用以拌飯、拌麵。婦人做月子常吃麻油雞，若嫌麻油太過燥熱，也可使用性較溫和的苦茶油來代替。

苦茶油中國古稱「神仙油」，也稱「山茶花油」，自古即列為皇室貢品；苦茶油在日本稱為「椿油」（つばきあむら），為日本仕女所喜愛，用途從護髮、潤髮、養顏美容，乃至全身保養，充分顯現出苦茶油神奇的效用。

四、天然保養聖品「茶箍」

台灣清潔用的肥皂，北部與南部的人都稱為「雪文」（可能是外來語Soap的音譯），而中部地區與部分客家人稱肥皂為「茶箍」，香肥皂叫「香茶箍」，洗衣粉也叫「茶箍粉」，「茶箍」也就成為清潔劑的代名詞。現在年輕人也許不知道什麼東西是茶箍？為什麼要叫茶箍、茶箍粉？

經查字典「箍」字，是指束物用的圓環諸如：鐵箍、桶箍等，一般泛稱環狀的東西為「箍仔」。茶樹的種子含油量高，經機械壓榨後，其主要產品為茶油，副產品即為茶籽粕。所謂「茶箍」就是茶樹的種子經榨油後，剩下一塊塊圓型的茶籽粕餅，台灣就叫做「茶箍」，就像大豆粕餅叫「豆箍」一樣。

各種復古的天然清潔製品

茶籽中含有許多植物皂素（Saponin），早期在沒有外來肥皂的年代，不論是洗澡、洗頭髮或是洗衣服，最普遍的清潔用品就是切一塊「茶箍」來使用，茶箍就成為清潔劑的代名詞。無患子的果實因含有皂素，也是天然的清潔劑，除正確名稱「無患子」外，大家也都稱為「茶箍子」，而此「茶箍子」的偏名，卻比「無患子」正名還要響亮，過去在中部地區隨便問那個人都知道什麼是茶箍子，但不一定知道無患子是什麼？請大家記住「茶箍子」一般不是指茶樹的種子，而是指無患子的果實喔！茶樹的種子就叫「茶子」。當外國的肥皂來到台灣以後，請大家猜猜看會叫什麼？當然最順口的就是與火柴—「番仔火」同列，就叫做「番仔茶箍」囉！順便提一下，台語的「番仔」是指外來的東西，也就是「舶來品」，一點也不會含有歧視的意思。

茶籽粕含有植物皂素、維他命E、α-Tocopherol，是天然的清潔劑，現代以萃取法提煉茶油後，所剩下的茶籽粕呈粉末狀，抓一點用來洗碗盤或鍋子比沙拉脫更乾淨、更清潔衛生，不需顧慮有化學物質殘留的問題。目前茶籽粕的用途，除用來防治水稻田的福壽螺外，主要是做為作物的有機質肥料。如果能將其復古做為肥皂的主要原料，相信會是養顏美容不傷皮膚，最天然的清潔保養聖品。

拾陸 茶食與茶料理

關於茶食與茶料理

飲食、茶食、茶料理，茶既可做為飲料，也可用作食材。但以茶飲為主，茶食為副。如擂茶、茶酒、茶羊羹、茶果凍等都屬於茶食的範圍。

茶葉中含有許多對人體有益的成分，而且有去油膩、除腥味、助消化、增色澤、爽口美味等功能，為最佳天然食材配料。如今國人生活水準提高，對於飲食的要求也水漲船高，除最原始的溫飽外，進而追求色、香、味俱全，講究精緻與健康的美食佳餚，「吃飽不如吃巧」，「茶」成為變化廚房料理的最佳調配食材，在台灣有茶餐、在日本也有茶料理，成為觀光地區用餐的另類選擇。

一、茶食

飲食、飲食，茶既可做為飲料，也可用作食材。但以茶飲為主，茶食為副。前面所言，大多屬於茶飲方面，在茶葉多元化利用上，以茶葉作為食品的加工原料，也有許多不同的使用方法，如擂茶、茶酒、茶羊羹、茶果凍等，都屬於茶食的範圍。

(一)擂茶

擂茶是客家庄廟會中常看到的小吃，一般消費大眾常以為擂茶是茶葉成品的一種，實際上，茶葉在擂茶中屬於配料，不是主要材料，擂茶是一種近似麵茶的小吃，在有線電視Discovery或National Geographic等頻道中，可以看到中國大陸邊疆少數民族也有類似的茶食。

客家廟會中的擂茶

首先，要準備一個陶製的擂缽，形狀有點類似臉盆或大海碗，裡面有細細的條紋；另外，一枝擂棒或稱擂棍，其實就是一枝直徑約3公分，長約45公分左右的木棒，據說以番石榴樹幹最好。材料有：茶葉（以綠茶或文山包種茶為佳）、爆米花或鍋炒的「米仔」、芝麻、落花生、松子、葵花仁、南瓜仁等為材料。各種材料的數量以茶葉一，芝麻與花生仁各三，其餘各一的比例，依個人口味與人數多寡將適量的食材投入擂缽中，雙手握住擂棒，一頭放進缽中擂動，慢慢的將材料擂成粉末狀，沖入開水繼續擂動，逐漸成為糊狀，加些冰糖或砂糖成為甜食；也可加入香菜、九層塔、少許鹽巴成為鹹食，稠稀甜（鹹）淡由個人自行決定，配合茶點或米飯食用，是古時候待客的美食，也是今天廟會屬於DIY的懷古小吃。

(二)茶糖

糖果是大人與小孩同為人見人愛的甜食，是婚喪喜慶缺少不了的待客食品，若製作糖果時配合加入各種不同口味的茶類，諸如綠茶、包種茶、烏龍茶、椪風茶、紅茶等為材料，可製成具有特殊風味的茶葉糖果，也頗受消費者的喜愛。

茶糖除在製造過程中添加適量的茶原料外，與一般糖果的製法完全相同。惟茶葉的添加方式可用粉茶，或萃取濃縮茶湯作為原料，粉茶材料需選用細緻的原料，成品才不致有顆粒的感覺，影響口感，其色澤較黑暗，茶香味道濃厚。濃縮茶湯製造的糖果，色澤亮麗，滋味濃郁香醇。一般可分為硬糖與軟糖兩種，其製造過程表列如下：

茶糖與茶果凍

硬糖製法

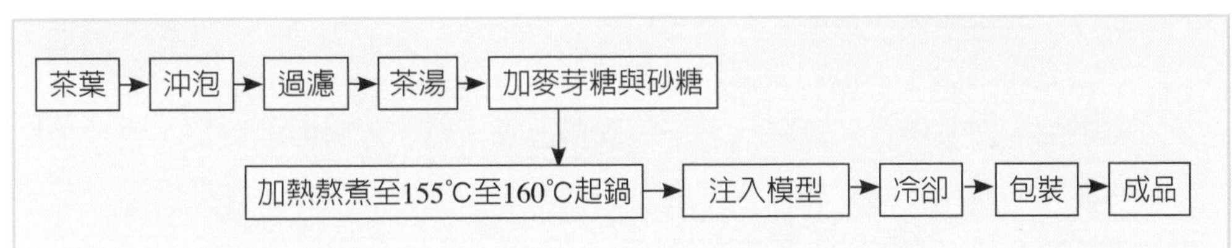

軟糖製法

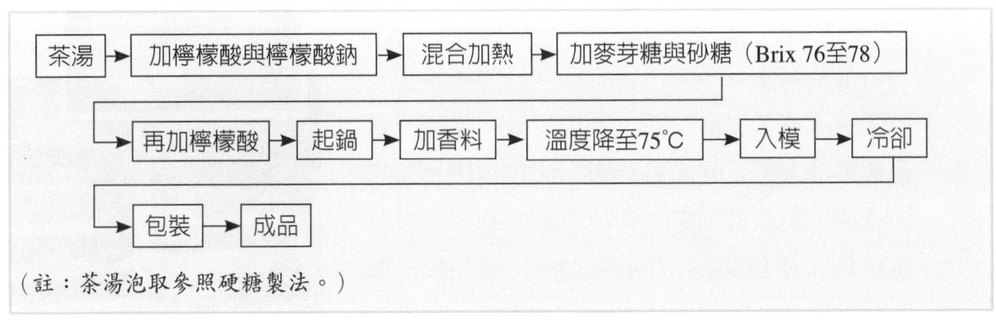

(三)茶果凍、茶水羊羹、茶羊羹

一般果凍的製法是以純果汁或加水煮沸，加入適當的糖、酸以及果膠

等，使其冷卻產生凝膠化作用的食品。**茶果凍**是以茶湯代替果汁，同樣加入糖、酸及凝固劑，如果膠、洋菜、愛玉等使其凝固，為具有茶葉獨特風味的茶果凍。**茶水羊羹**的製法與果凍相似，但在茶湯與果膠等凝固劑混合前，先加入適量的豆沙，使茶湯、豆沙、果膠三者充分混合，待冷卻即成茶水羊羹，將茶水羊羹經過濃縮的過程，脫去水分就成**茶羊羹**。

茲將茶果凍、茶水羊羹與茶羊羹等之製造流程列表如次：

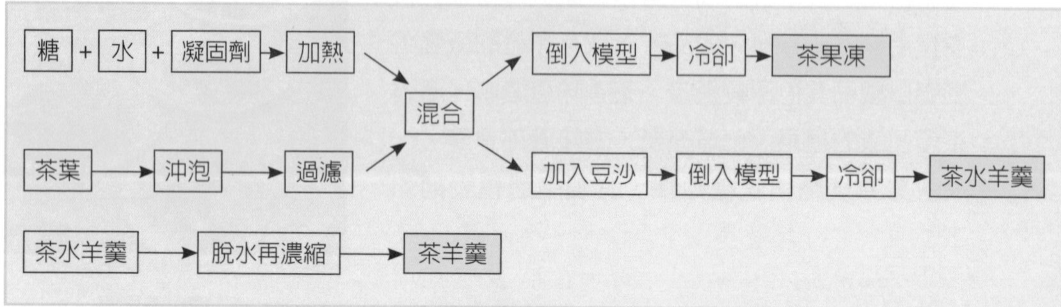

一般市售果凍常添加有人工色素，茶果凍製品因茶湯本身即具有各種不同的亮麗顏色，不再需要另外添加其他人工色素，而糖分的數量可依需要自行調配，使其所含熱量降低。若凝固劑改採人體不能吸收的膠質，食用後則有飽腹的感覺，卻不會提供熱能，更屬減肥的健康節食優良休閒食品。茶羊羹屬較高熱能的甜點，其含水量較少，所以也較容易貯存。

(四)茶葉焗蛋

茶葉焗蛋與一般市售的水煮五香茶葉蛋有所區別，茶葉焗蛋簡稱「茶焗蛋」，又稱「焙烤茶葉蛋」或「乾式茶葉蛋」。選用市售的新鮮雞蛋，與茶葉副茶、茶梗或廉價的平地夏茶為材料，使用製茶用的烘焙機，即可自行製作。既可為蛋雞飼養業者促銷雞蛋，又可充分利用廉價的副茶或茶梗，同時提高蛋農與茶農的收益。

製作完成的茶葉焗蛋成品，蛋殼外表完

茶焗蛋

整無缺，潔白如雪，撥開蛋殼，蛋白呈茶褐色，蛋黃香Q，茶香四溢，有淡淡的鹹味，相當具有茶風味的產品。讓你第一次看到時，把玩半天，愛不釋手，捨不得吃它，其風味香Q可口與傳統的茶葉蛋完全不同。茶焗蛋製造工序如下：

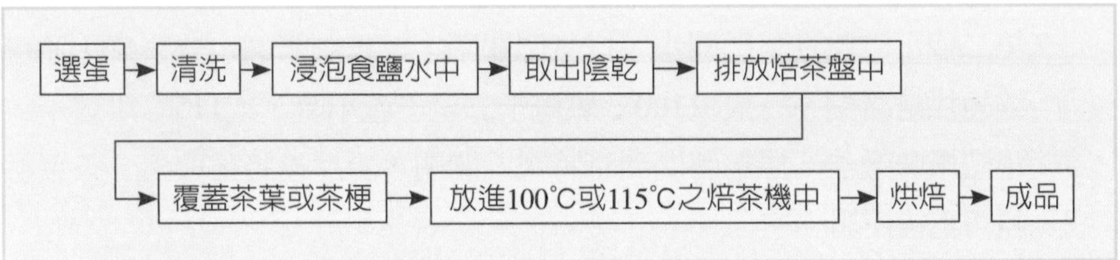

茲將茶焗蛋製作方法及保存食用時應注意事項略述如次：

1.蛋的選擇：一般使用雞蛋，鴨蛋也可以。選擇大小適中一致的雞蛋為材料，除去破損者，以水清洗外殼污染物備用。

2.準備鹽水：以100CC.的水加36公克的食鹽的比例（約30%至飽和程度），準備適量的食鹽水。鹽巴依比例投入水中應充分攪拌，使其完全溶解。

3.將備妥的蛋一顆顆放入鹽水桶中，飽和程度的食鹽水浮力大，會使蛋漂浮於水面，應使用木板或其他適當物品，輕輕將蛋壓入，完全浸泡於食鹽水中，約1至2日的時程。

4.蛋自水中取出將水分擦拭乾淨，放入塑膠籃中貯存於陰涼通風處五至七天使其風乾，可減少蛋中部分水分，以免烘焙中水分釋出，使茶葉污染蛋殼出現斑點，影響賣像。

5.焙茶盤中放入約1公分厚度的茶葉，將準備妥當已貯藏5至7天的蛋，氣室（鈍面）朝上，逐一擺放在茶葉上，然後再附上一層茶葉。茶葉不要緊壓，應保留適當的空隙，使空氣能夠對流，將茶葉的色香味於烘

烘焙機中的茶焗蛋

焙的過程中帶入蛋殼內。

6.將焙茶機的溫度升到100℃或115℃的處理適溫時，再將備妥的茶葉（蛋）盤移入焙茶機中，開始進行烘焙。開始的第一個小時，進、排氣門應全開，使蛋內滲出的水分快速蒸發，否則水分在蛋殼停留時間過長，茶葉會污染蛋殼，留下茶褐色斑點，影響蛋殼美觀。

7.第二個小時起進氣門關小，排氣門關閉，以控制蛋的水分含量，並可縮短烘焙時間。一般以100℃烘焙十二至十五小時，或115℃烘焙十一小時風味最佳。烘焙時間到時將電門關閉，冷涼後將蛋取出，茶葉材料可重複使用。

8.成品茶葉焗蛋可儲存於5℃的冷藏庫中，絕不能貯藏於0℃以下的冷凍室，否則會使蛋白變性變硬，影響品質與口感，而失去商品價值。

9.蛋經過烘焙加工後，會使覆蓋於蛋殼及氣孔上的皮層脫落，蛋白上的抗菌物質也會失去活性，因此極易腐壞，應盡快食用，不要貯藏。蛋白表面一旦出現黏液，表示茶焗蛋已受到微生物感染，有腐敗現象，不能再行販賣或食用。

(五)茶酒與茶雞尾酒

茶與酒是人類生活的兩大嗜好性飲料，均能使人們生活顯得多采多姿，也都能成為人際關係的潤滑劑。雖然也都是具有刺激性的飲料，但酒精的刺激性強烈，茶的刺激性就顯得溫和得多了，酒與茶各具有陽剛與陰柔之美。如將茶的甘醇柔美，配合酒的陽剛強烈，可調出風味獨特的茶酒。再加些果汁、汽水之類的飲料，更可調出風味絕佳的雞尾酒。

茶酒的調製

茶酒的調製可以茶湯與酒混合，或以茶葉直接用酒浸泡二種方法，茲略述如下：

1.將9公克的茶葉，加入300CC.沸水沖泡（濃度3%）六分鐘，倒出茶湯過濾待冷涼後，對入同量的酒（茶湯與酒的比例為1：1），與少量的冰糖（視個人口味而定），酒類與酒精濃度依個人口味來選擇，可用米酒頭或38° 高粱酒……，充分混合即可飲用。

2.可將茶葉與酒以2：100的比例，酌加少許冰糖，直接於酒中浸泡，一般浸泡時間約二十四小時，可依個人喜好調整，茶與酒的比例也可依個人濃淡喜好調整，再經過濾即可飲用。

不論是茶湯與酒互對調配，或直接浸泡兩種方式所製作的茶酒，都應盡快喝掉，不宜久藏。前者製法簡易滋味香醇，後者製法較為繁複香氣滋味都較濃郁。茶葉的選擇依個人嗜好而定，採用高級椪風茶調製出的「椪風烏龍茶酒」與使用紅茶所調出的「紅茶酒」，顏色都可媲美鮮紅亮麗的高級紅葡萄酒，與各具的特殊香味。文山包種茶製造的茶酒，特別具有清香幽雅的花香。

茶雞尾酒的調配

20世紀初美國人將酒類摻和果汁與汽水，發明了含酒精量極低的雞尾酒，在各種社交場合人手一杯，對於不會喝酒的人而言，既不失禮又可解渴，現今廣泛流行於東西方社會。將茶加入雞尾酒材料，可調製成可口的茶雞尾酒，所使用的茶類依個人的喜好來選擇。不同茶類與不同的酒類，可調配出不同風味的茶雞尾酒，諸如：烏龍茶荔枝雞尾酒、包種茶白蘭地雞尾酒、椪風茶梅子雞尾酒、紅茶蘭姆雞尾酒、綠茶琴酒……，不僅能將基本酒的韻味引導出來，茶與酒相互融合，也讓茶香襯托得更為芬芳香醇，相得益彰。調製方法是：茶葉先以沸水沖泡，萃取茶湯過濾，待冷涼後以三分之二的茶湯和三分之一的基本酒類混合，再酌加糖、酸、果汁，以及碳酸飲料等調製雞尾酒的材料充分攪拌，加入冰塊即成香醇可口的茶雞尾酒。

茶雞尾酒

(六)其他茶食

以粉茶加入傳統的麵食製品如麵條、包子、饅頭或湯圓等，或西式蛋糕、麵包、西點等，酸梅加茶葉成茶梅，瓜子加粉茶成茶瓜子，用途極為廣泛，坊間有許多專書討論，本書就此簡略。

二、茶料理

茶葉中含有許多對人體有益的成分，而且有去油膩、除腥味、助消化、增色澤、爽口美味等功能，為餐桌料理的最佳天然食材配料。如今國人生活水準提高，對於飲食的要求也水漲船高，除最原始的溫飽外，進而追求色、香、味俱全，講究精緻與健康的美食佳餚，「吃飽不如吃巧」，「茶」成為變化廚房料理的最佳調配食材，在台灣有茶餐，在日本也有茶料理，成為觀光地區用餐的另類選擇。

綠茶沙拉

茶鵝

本書不討論食譜的作法，僅就不同茶類的特性，如何配合適當的菜餚來討論，使其能夠顯現茶在菜中的特性，而不是在各種菜餚中，加一點茶葉在上面就是茶餐、茶菜、茶料理。

談到茶料理首先想到的是「茶葉香酥脆」，以一心二葉鮮綠的茶菁，沾上油炸粉與調味醬料後下鍋油炸，也就是「茶葉甜不辣」。台灣的茶葉香酥脆將茶菁沾上油炸粉後炸成一團，茶葉與麵粉糊在一塊，根本分不開，裝一大盤上桌讓你吃個飽，待下次再看到時都有點膩而不想再吃的感覺。筆者於2000年6月應日本茶料理研究會邀請，在日本看到的茶葉香酥脆，茶菁仍然保持完完整整，翠綠色的一心二葉，上面沾有一層薄薄的金黃色油炸糊，二至三片放在一個方形的瓷盤上，非常的亮麗，先是用眼睛觀看，再用鼻子聞其香，才用嘴巴慢慢的品嚐，當你感覺到爽口美味，真正是人間仙品時已經吃完了，實在是吊足了你的胃口。

筆者之所以不厭其煩的敘述這段故事，是希望台灣的茶料理，也可以做到精緻美味，量不必多，讓客人吃了還想再吃。要達到這個目標，首先應該了解茶葉與菜餚相互間的性質關係，再著手調配最好的料理。

除了茶葉香酥脆之外，以茶作為料理食材，大多只用做配料，在開發各種茶菜時，應先了解各種茶類的特殊性質，依其形色香味的特性與菜餚的性質、烹調方式等配合一起蒸煮，才能夠顯現出不同的效果。入菜原料以茶、茶湯、粉茶、抹茶等均可，茶菁則可做為杯盤點綴的重要材料。在材料選用方面，如中國料理燉豬腳、紅燒肉之類，必須使用醬油等口味較重的菜餚，加入茶葉時，應選擇比較重發酵、滋味濃郁的茶類，諸如鐵觀音、紅茶、椪風茶之類，烹飪後茶菜的色澤除能夠表現出茶的特性外，也能顯現出醬油的顏色。清蒸魚一類較輕淡、去腥味的菜餚，使用清香的條型包種茶為材料一起蒸煮，更能顯出茶香的味道。豆腐、涼拌等則添加少量的綠茶粉，兼作為配色調味之用。燉、煮的菜餚入茶時，先萃取茶湯再加入菜中作為濃湯，茶葉若直接投入菜中一起烹調，燉煮時間太久，可能也有隔夜茶不能喝之虞的顧慮，如欲將茶葉提供用餐客人參考，起鍋後於碗盤邊擺放少許特別挑選的茶渣，作為說明介紹的樣品。

目前國內所提供的茶餐茶菜，尚不夠精緻，國人在茶料理方面的研究發展有待加強，務必做到精緻、可口、美味的要求，才是發展茶料理的最高目標。

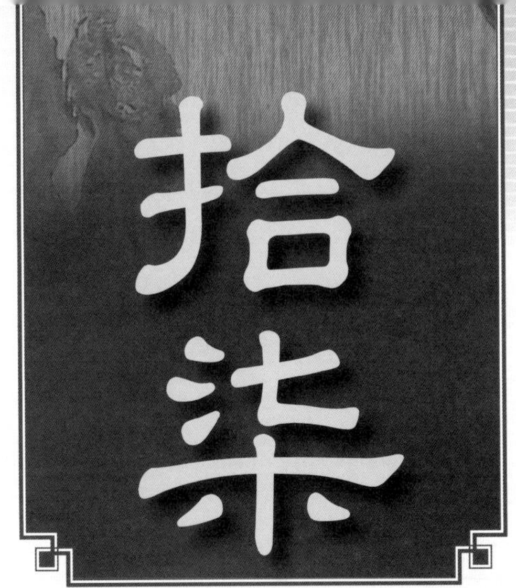

拾柒 結語

台灣真是好所在，樹葉也會出花香

台灣茶雖源自中國大陸，但是經過二百年來的研發，其風味已與大陸茶大異其趣。台灣茶葉以具有獨特天然花香而聞名，因此有「台灣真是好所在，樹葉也會出花香」的俚語。台灣茶歷經台灣烏龍茶（椪風茶）、台灣包花茶、南港包種茶、台灣包種茶等四個演變世代，現階段台灣所產的木柵鐵觀音、文山包種茶、凍頂烏龍茶與高山茶等都可歸於台灣包種茶類，風行全世界。

茶原產於亞洲東南季風氣候區，在中國之利用至少有四、五千年的歷史，飲茶之風，始於秦漢，盛於唐宋。茶之為用，是以藥始，最早是以咀嚼鮮葉、生煮羹飲，把茶葉當成藥材、菜餚使用，經過人類數千年來不斷的研究改良，乃有今日依照不同的發酵程度與製造方法，產出不同的茶類，將茶葉區分為綠、黃、青、白、紅、黑等六大茶類；若以現代科學術語來說，則可歸類為不發酵的綠茶、全發酵的紅茶、部分發酵的包種茶，與經過再加工的後發酵茶四種。至於坊間對於茶葉分類，則眾說紛紜，有許多不同分類方法，這些都屬於枝節問題，一般消費大眾要能夠完全理解，可能還需要下一番功夫，不必太在意。

茶在唐宋以前是以蒸菁做餅、做團的方式加工，即以團、餅茶形式供應消費者需要；明代以後，茶葉製造工藝才有明顯的改變，明太祖朱元璋下詔廢止團茶進貢，改以散茶為貢品，促使茶葉加工方法朝向多元化發展。明代以前的文獻已有黃、白與黑等不同茶類的記載，明代發明炒菁技術後，才開始有綠茶、紅茶與青茶的製造。茶的飲用，團餅茶是以「煮茶」方式，有了散茶以後才改為沖泡的「泡茶」方式，所以消費者應特別注意「普洱茶」屬於餅茶類，務必以煮茶方式品飲，才是正確方法。

茶自中國向世界傳布有三條途徑，東傳朝鮮、日本和台灣；西傳中亞、西亞、北印度以及俄羅斯；南傳印尼、馬來西亞、南印度、非洲東岸繞過好望角到西歐、北歐各國。

世界各國語言，有關茶（Tea）一辭的發音，都源自於中國的「ㄔㄚˊ」（Cha）與「ㄉㄝˊ」（Tay）兩種讀（語）音，英文的Tea就是來自於Tay，也就是台灣河洛話「ㄉㄝˊ」的發音。

台灣茶雖然源自中國大陸，但是經過二百年來的研發，其風味已與大陸茶大異其趣。台灣茶葉以具有獨特天然花香而聞名，因此有「台灣真是好所在，樹葉也會出花香」的俚語。台灣茶歷經台灣烏龍茶（椪風茶）、台灣包花茶、南港包種茶、台灣包種茶等四個演變世代，現階段台灣所產的木柵鐵觀音、文山包種茶、凍頂烏龍茶與高山茶等都可歸於台灣包種茶系類，風行全世界。

台灣茶業自1970年代以後，逐漸由外銷轉型為內銷。過去由農民生產茶菁，交由專業的製茶工廠加工外銷，轉為內銷以後，由農民自產、自製、自銷；也有小型加工廠向農民收購茶菁，但規模比外銷時期的工廠小得多。

台灣茶業界在產製銷間流傳有「種茶不如製茶，製茶不如賣茶」的說法，實際上，產製銷每個步驟都是經濟循環的重要環節，分工合作使茶農生產高品質的茶菁，工廠有優良的製茶技術，行銷者充分了解運銷通路與市場，產、製、銷業者能夠充分合作，才最有利於台茶發展。

日本茶道屬於唐宋的飲茶風格，較為禮教化，神秘嚴肅且拘泥於形式的一種表演藝術；台灣的茶藝文化則趨於明代流傳的形式，象徵閒雲野鶴，自然瀟灑脫俗，不拘泥於形式，使茶藝活動與生活結合在一起的活動方式，兩者間有明顯的差異。

泡好一壺茶，要注意茶量、水量、水溫以及沖泡時間，把握四者間的相關原則，自然能夠泡出一壺好茶。至於茶具只是搭配的道具，可能影響喝茶氣氛，對於茶湯滋味香氣影響不大。茶屬於嗜好性飲料，所謂「物無貴賤，適口為珍」只要個人喜歡就是好茶。但一般界定好茶，茶湯顏色要晶瑩剔透，滋味濃稠甘潤香醇，具有淡淡的天然花香味道。

目前世界茶價平均約為1至1.25美元／公斤；而一般台灣茶約在800至3,000元台幣／0.6公斤，即折合50至150美元／公斤之間，雖然高出數十倍甚至於百倍的價格，但是台灣茶不論到東南亞、大陸、美日、歐洲都廣受歡迎，茶既是保健食品，價格不是問題，重要的是安全無農藥殘留的茶葉，才能夠被消費大眾接受；喝得健康才是最重要的，尤其是歐美日等先進國家的進口檢驗標準，容許量只有我們國內的二十分之一，換言之，就是嚴格20倍，因此，如何教育茶農重視安全用藥問題，生產符合各國檢驗標準的茶葉，才是台灣茶外銷的重要關鍵所在。

時代愈進步，科學愈昌明，人們對保健的觀念也愈來愈重視，茶是當今世界上重要的社交飲料，也是最重要的保健食品，尤其是數千年來茶在醫療上受到的肯定，以及近年來在生化與藥理作用上證實：茶有抗氧化、防癌、抗癌等保健效果，相信茶在可預見的未來，仍將是台灣最有前途的特用作物之一，希望「台灣茶人」能夠共同為「台灣茶」繼續努力與奮鬥。

參考文獻

お茶料理研究會（1998）。《お茶漬け一杯の奧義》。創新社。

お茶料理研究會（2000）。《お茶クッキング》。窓社。

入間市博物館（1995）。《煎茶の世界》。

入間市博物館（1997）。《お茶と浮世繪》。

入間市博物館（1999）。《茶の自然と歷史を訪ねて》。

三ッ井　稔（1996）。《茶の思い出》。黑船印刷株式會社菊川營業所。

大森正司（1996）。《おいしい紅茶》。大泉書店。

大森正司（1996）。《綠茶健康法》。三心堂出版社。

大森正司等（1994）。《日本の後發酵茶》。さんえい出版。

中國茶學研究社譯（1992），美國威廉・烏克斯原著。《茶葉全書》。茶學文學出版社。

日本紅茶協會（1996）。《現代紅茶用語辭典》。柴田書店。

王灝（1994）。《魚池鄉日月茶話》。美哉南投秋季號。

呂維新、蔡嘉德（1995）。《從唐詩看唐人茶道生活》。陸羽茶藝。

李筱峰（2003）。《快讀台灣史》。玉山社。

汪呈因（1975）。《作物育種學》。正中書局。

阮逸明（2001）。《台灣的茶業1、起源與發展》。稻田出版有限公司。

阮逸明（2001）。《台灣的茶業2、茶與生活》。稻田出版有限公司。

林仁混（2001）。〈茶的保健與防癌原理〉，《研討會專刊》。

林瑞萱（1991）。《日本茶道源流——南芳錄講義》。陸羽茶藝。

林瑞萱註譯（1989）。《茶道精神領域之探求》。陸羽茶藝。

松下　智（1999）。《アッサム紅茶文化史》。雄山閣出版株式會社。

金谷町お茶の鄉振興協會（1999）。《世界のお茶日本のお茶》。

南投縣鹿谷鄉農會（2005）。《茶與生活》。

姚國坤等（1994）。《中國茶文化》。洪葉文化事業有限公司。

柏楊（1997）。《中國人史綱上、下冊》。星光出版社。

范增平（1992）。《台灣茶業發展史》。台北市茶商業同業公會。

茶業改良場（1990）。《茶作栽培技術》。
茶業改良場（1990）。《製茶技術》。
茶業改良場（1996）。《場誌》。
茶業改良場（1997）。《台灣茶業簡介》。
茶業改良場（1997）。《台灣茶葉起源與特色》。
茶業改良場（1998）。《台灣烏龍茶的回顧與展望研討會專刊》。
茶業改良場（1998）。《改制三十週年紀念特刊》。
茶業改良場（1999）。《921集集大地震茶業災情及復建特刊》。
茶業改良場（1999）。《九二一集集大地震茶園震災復耕手冊》。
茶業改良場（1999）。《茶樹栽培管理行事曆》。
茶業改良場（2000）。《1999年台灣茶與茶藝文化重要活動紀實》。
茶業改良場（2001）。《台茶研究發展與推廣研討會專刊》。
茶業改良場。《台灣茶業研究會報》。
茶業改良場。《茶業專訊季刊》。
茶業改良場。《歷年年報》。
茶業改良場魚池分場（1999）。「紅茶新品系B-40-58命名資料報告」（台茶18號命名資料）。
高野　實等（2000）。《緑茶の事典》。柴田書店。
張清寬（2001）。〈台灣茶樹育種與展望〉，《研討會專刊》。
陳宗懋（1993）。《中國茶經》。紫玉金砂雜誌社。
陳東達（1994）。《茶葉縱橫談》。浩園文化事業有限公司。
陳哲三（1995）。〈從水沙連、林圯埔到竹山：竹山開拓史〉，《美哉南投春季號》。
陳國任（2001）。〈優良茶比賽等級與容重之探討〉，《研討會專刊》。
陳煥堂、林世煜（2001）。《台灣茶》。貓頭鷹出版社。
湯文通（1961）。《作物栽培原理》。台灣大學農學院。
黃泉源（1954）。《茶樹栽培學》。大同書局。
黃騰鋒（2001）。〈手採茶園未來機械化作業之推展〉，《研討會專刊》。
農林水產省野菜と茶業試驗場（1996）。《茶の研究100年の步み》。
農業試驗所、有機農業協會。《作物施肥手冊》。
農業藥物毒物試驗所（2004）。《植物保護手冊》。

廖慶樑（2000）。〈台灣之茶文化與科學〉，《茶業專訊》33、34期。
廖慶樑（2001）。〈台灣加入WTO後茶葉仍應是最具競爭性的農產業〉，《農友月刊》12月號。
廖慶樑（2001）。〈台灣茶業的發展與推廣〉，《研討會專刊》。
廖慶樑（2001）。〈飲用普洱茶應注意安全衛生〉，《農友月刊》8月號。
廖慶樑（2002）。〈台灣烏龍茶揉捻度之探討〉，《農友月刊》3月號。
廖慶樑（2002）。〈台灣茶葉共同品牌之創立與使用構思〉，《農友月刊》1月號。
廖慶樑（2002）。〈茶樹不是造成土石流元凶〉，《農友月刊》1月號。
廖慶樑、郭鴻裕、向為民、張庚鵬、陳琦玲（2003）。〈鹿谷地區茶園生育不良因子之探討與改善對策〉，《農友月刊》7月號。
盧守耕（1967）。《現代作物育種學》。台灣大學農學院。
盧守耕（1976）。《作物育種學導論》。台灣大學農學院。
蕭素女（2001）。〈茶樹病蟲害防治技術之研究與展望〉，《研討會專刊》。
靜岡縣茶業會議所（1999）。《お茶のしずおか》。
謝兆申、王明果（1989）。《台灣土壤》。中興大學土壤調查中心。
羅幹成（2006）。《台灣農作物害蟎圖說》。農業試驗所。

跋

筆者出生於喝茶世家，祖母潘氏是茶行千金大小姐，1880年（清光緒6年）出生於福建泉州府，1888年九歲時，隨經營茶業生意的父母親舉家遷到台灣彰化，在今中正路開設「文苑茶行」，亦稱「文苑茗茶」，不久又在台中今市府路臨成功路口，開設另一家店號相同的茶行，是中部地區早年知名的茶莊。當時經營茶莊的家庭富裕程度，可與今天的大企業家相比擬；據說大戶人家女兒嫁粧多的，除隨嫁的婢女外，另有「全廳面」或「半廳面」的嫁妝，全廳面的嫁妝包括廳堂、廚房、臥房整個家庭需要的用具，連人生最後的歸宿（純金打造的小棺材）都一應俱全。我祖母是「半廳面」的嫁妝，就是少了最後一項。

先祖父是茶行的女婿，家父是茶行的外孫，茶是每日必備的飲料，所以筆者小時候家裡每天都準備有濃濃的「孟臣茶」，用以招待客人或供家人飲用。所謂孟臣茶，可能是諧音，早年叫「卵神茶」（卵破音字音ㄌㄢˇ），現在稱為「老人茶」或「功夫茶」，也就是用小壺（孟臣壺，或稱卵神罐）沖泡的茶。筆者從小就是喝這種茶長大的，因此，與好友聊天也常玩笑的表示自己從嬰兒就喝茶，耳濡目染對茶多少有些了解！

1999年凍省前夕，在沒有預警與心理準備的情況下，筆者匆匆於3月1日接下「台灣省茶業改良場場長」的職務，有人認為筆者不懂茶，接掌該場職務並不適合，其實筆者專長是農藝與農業技術，過去三十餘年的公務員生涯，都從事於本行的工作，曾服務於台灣省政府農林廳與台灣省農業試驗所，對於農業行政、試驗研究與作物栽培並不陌生。過去雖沒有茶業相關研究背景，但這不是問題，茶樹離不開作物，對筆者來說仍然信心十足。

1999年3月筆者接任茶業改良場場長職務

上任後聽取各單位簡報，在茶作、茶機與行政等業務方面都還順利，且能提出相關問題與建議；直到輪由製茶課簡報時，才發現隔行如隔山，對屬於加工業的製茶業務確實不懂，自己也毫不諱言，且虛心請教專家同仁，努力學習。7月1日凍省，台灣省政府農林廳被廢，茶業改良場改隸行政院農業委員會。9月間輪到該場在農委會舉辦記者會，全程由筆者親自簡報與回答記者所提相關問題，讓同仁們刮目相看，短短六個月期間，筆者對茶的認識大致已進入狀況，尤其是過去完全不懂的製茶業務，不但可以提出自己的看法與建議，並能給記者們滿意的答覆。

筆者於2000年應總統府邀請向駐台外交使節團夫人演講「台灣茶文化」之後接受李登輝總統夫人贈禮

忙碌的時間過得總是特別快，一晃即將屆滿三年，在沒有預先告知任何理由的情況下，筆者突然接到農委會的電話與傳真通知（連正式公文都是補發的），奉命三天內於2001年11月16日與農試所農化系主任相互對調，回到過去所熟悉的農業試驗所。接任者到場後告訴大家其妹與吳淑珍是麻豆國中同學，還深怕人不知，廣為宣傳，原以為總統為選票要這個職位回饋樁腳，也是人之常情，只是國家培養的常任文官，不應該受到如此踐踏，遭受這種屈辱，實在心有不甘。沒想到近年新聞媒體報導第一家庭弊案連連，貪腐賣官鬻爵，搞得沸沸騰騰，讓人不得不懷疑筆者茶業改良場場長職位，是否也被販賣了？要不然何必到處述說其妹與吳淑珍的關係！難道台灣的政治走到今日，真的是無法無天了嗎！這絕不是吾人所期待的台灣民主法治社會。

一位有守有為，奉公守法的老公務員，無緣無故受此屈辱與打擊，投訴無門，國家社會既已失去公義是非，個人亦已完全失去信心與希望，所謂「哀莫大於心死」，對於公務已全然絕望，本擬提前申請退休，告老還鄉，含飴弄孫，惟不論身體或心理都還沒準備妥適，勉強留下，繼續按時簽到簽退，醉生夢死，不再主動過問任何俗事。但對於自己所努力過的「台灣茶業」，仍然念念不忘，雖數次提筆欲將所知茶業相關資料彙整成冊，以供世人參考，但都因心浮氣躁，難以平靜下來，半途而廢，一晃又是過了四年。2006年初筆者休假到舊金山度假，農曆年後回國，閒暇之餘，瀏覽史籍，始知宋代大名鼎鼎公正無私的包拯包青天，擔任開封府尹不過一年半的時間；明朝遺臣國姓爺鄭成功在台灣也僅有五個月；可是他們在歷史上所留下的盛名，有幾人能及？筆者豈敢媲美先賢，自己心情因而豁然開朗，不再計較得失，任職多久，只捫心自問到底為國家、為農民做了多少事情。

在茶業改良場總計九百九十餘天，將近一千個日子，不論軟體或硬體建設，諸如上述各章節中為業務所提的構想與建議；為同仁上下班安全著想，遷建連外道路與建造簡單大方又醒目的大門場柱；自行設計多年無法解決的殘障步道等問題，都已盡心盡力；對於不合理的政策諸如機關裁撤問題，也在行政院會通過茶業改良場與種苗繁殖場裁併農業試驗所後，不畏權勢據理力爭，終獲行政院撤銷，同意維持原機關，若有得罪某些當權新貴，讓其詭計難以得逞，但無怨無悔。凡走過必留下痕跡，這是大家有目共睹的事，自感問心無愧矣！於是能夠逐漸靜下心來，開始整理相關資料，撰寫此書，以了卻一樁心事。

此書之完成希望有助於讀者包括產製銷業者、茶藝文化界與消費大眾對於茶的了解，同時也就教於茶業界前輩們！更重要的是祈能促使台灣茶業繼續蓬勃發展，永遠聞名於全球。

新建場區大門與道路

致　謝

本書承蒙行政院農業委員會　李前主任委員金龍、　李副主任委員健全、農業試驗所　林前所長俊義等長官在百忙中抽空賜序，感銘肺腑。全書並承昔日同寮行政院農業委員會茶業改良場研究員兼茶機課長黃騰鋒、研究員兼製茶課長陳國任、副研究員兼凍頂工作站主任郭寬福與魚池分場前副研究員兼茶作課長廖文如等詳細審閱並提供相關照片，以及農業試驗所農業化學組同仁意見提供，特致謝忱！

最後也鼓勵自己，雖有許多理想限於任期無法實現，但編撰本書能將自己的Idea融入其中，以就教於先進，未嘗不是一大收穫。也證明個人對該場的業務發展，確曾盡心盡力，絕非如某些政客與酬庸學者，尸位素餐、不學無術、揣摩上意，乃至一事無成，尤其在收到行政院農業委員會三位直屬長官為文賜序，特別推薦、鼓勵與肯定之際，不但使得本書蓬蓽生輝，也對筆者多年含冤受辱一事，間接給予聲援，雖仍未能還我公道，但已略感寬慰，感激不盡！

西元	重要紀事
1620	明代天啓年間有白蓮教之亂與宦官為患，民不聊生，閩粵居民開始遷居台灣，飲茶風氣隨之傳入。此前台灣除原住民族與少數登岸避風的船員外，極少有外來族群在台落戶居住。
1624	荷蘭人入侵台灣南部，築「熱蘭遮」城。
1625	西班牙人入侵北台灣占領雞籠，築「山嘉魯」城。
1633	西班牙勢力範圍已達竹塹。
1636	荷蘭人從廈門購買茶葉運到台灣，轉運雅加達、印度、伊朗等地，從事轉口貿易。
1640	荷蘭人趕走北部的西班牙人，同時占有南、北台灣全島。
1645	荷蘭巴達維亞總　報告：「台灣發現有野生茶樹」，為台灣也有茶樹的最早紀錄。
1662	鄭成功攻占台灣，驅逐荷蘭人，五個月後鄭氏病逝，子鄭經繼立自稱「東寧王國」，國際稱之為The King of Tyawan（Taiwan）台灣國王。 1624至1662年，荷蘭人據台期間引進閩粵民工2萬人，從事稻米與甘蔗生產，擴大台灣飲茶人口。
1670	由台灣寄往班坦之信札中提到台灣王（鄭經）託戴可斯（Henry Dacres）轉交公司禮物中有四擔（4 Pecul）上等茶葉。
1683	施琅率領清兵攻占澎湖，鄭克塽降清，鄭氏前後在台統治（1662至1683年）共二十二年。
1697	清康熙36年《諸羅縣志》：台灣中南部山地有野生茶樹，住民以簡單方法製茶自用，為台灣有關茶之利用，在典籍上之初始記載。
1723	《赤崁筆談》（康熙62年）：水沙連深谷中，衆木蔽蔭，晨曦晚照總不能及，茶樹色綠如松蘿，性極寒，療熱症最有效，每年通事與番議定日期，入山焙製。
1796	嘉慶年間，茶隨著福建移民移植到台灣，種子播種之實生苗（蒔茶）為當時栽培方式，烏龍茶是最早製造的茶葉。
1805	福建移民自武夷山帶來烏龍茶苗，於北部三角湧、阿四坑、八角湖山坡地種植。產製方法來自福建武夷山，開始製造烏龍茶供應島內需要。
1810	泉州安溪人氏連井侯傳入茶苗，於今台北縣深坑鄉土庫山坡種植。 《台灣通史》載：「舊志稱嘉慶年時，有柯朝者自武夷山攜回茶苗，植於鰈魚坑，發育甚佳。以茶子二斗播之，收穫亦豐，隨互相傳，台北多雨，年收四季，春夏為盛。」為人工播種經過之記載。

1821	《淡水廳志》載石碇文山居民多以植茶為業，道光年間（1821-1850）台灣商人將茶運至福州販售，為台茶外銷島外之初始紀錄。
1852	福州茶商仿效長樂煙商薰煙方式，以茉莉花薰製茶葉，結果甚佳，茉莉花茶問世。
1855	林鳳池氏自武夷山攜回軟枝烏龍植於凍頂山，其製茶法源自閩南，有別於武夷山之閩北製茶法。
1858	英法聯軍後訂定天津條約，開放台灣府為通商口岸，開啓台灣茶葉外銷的年代。
1859	簽訂天津條約續約，再開放淡水為通商口岸。部分台灣茶葉先由淡水運往福州，加工精製後再銷往國外。此後，台灣運往福州的茶葉逐年增加。
1860	開放台灣府與淡水為通商口岸以後，19世紀60年代貿易成為台灣經濟的主軸，初期外銷原以米、糖為主，其後以茶、糖與樟腦為大宗。
1861	淡水海關紀錄，有大量台灣茶葉銷往中國，運銷數量達82,022公斤。 英國商人John Dodd來台勘察樟腦的生產，發現台灣氣候極適宜茶樹的栽培。
1865	John Dodd再度來台，攜帶台灣白毫烏龍茶回國，呈獻英國女王品飲後賜予「東方美人茶」之美譽，西方人又稱之為「台灣香檳烏龍茶」。
1866	John Dodd來台開設茶館，並由福建安溪引進茶苗，貸給茶農種植，並將初製茶運往福州與廈門，精製後外銷。
1868	John Dodd在萬華設置烏龍茶精製廠，產品外銷紐約。
1872	經營茶葉出口的洋行已有德記、怡和、義和、美時、欣榮利等五家。 此時三峽為台灣茶葉主要產區，為前清台茶的黃金時期。
1873	台茶因洋行間互相競爭激烈，已無利可圖，一致停止收購，引發第一次台茶外銷危機。 一般茶商將台灣烏龍茶運往福州，經薰花處理改製為「台灣包花茶」，成為台茶生態的第二代；源自閩北武夷山製法的「台灣烏龍茶」則列為第一代。自此，台灣茶葉生產開始朝多元化發展。
1874	沈葆禎奏准設置「台北府」。 王登氏創設台灣首家包花茶工廠——「合興茶行」，以黃梔子為薰花材料，群商亦開始試以各種不同香花植物，如茉莉花等為薰花材料。
1875	恆春知縣周有基開始於今屏東滿洲鄉種茶，即今之台灣最南方的「港口茶」。
1878	淡水海關記載：「在大稻埕四周種滿茶樹，……茶樹種植也拓展至北緯24度的台灣中部。」
1880	台茶輸出量達543公噸高峰，茶葉市場前景看好，樟腦加工業因無利可圖，茶農擴大茶園面積，為造成北部樟腦業停頓之主因。

1881	吳福老氏在台北成立「源隆號」茶行，專門製造台灣包花茶，供應國內外市場。 台灣包花茶首次外銷國外市場。
1885	台灣建省首任巡撫劉銘傳獎勵台茶生產，組織「茶郊永和興」，充分發揮業界團結和協、互助合作的功能。業界由福建迎回媽祖神位供奉於回春所，名為「茶郊媽祖」。 興建基隆到新竹的鐵路以及設立電報局，均有利於台茶外銷的聯繫與拓展。 王錦水與魏靜時發明新的製茶技術，使台茶生態進入第三代的「自然清香」時代。
1886	馬偕《台灣遙寄》載：每年有一、二萬人由廈門來台從事茶葉產製工作。「回春所」是職業介紹所，也是從業人員的落腳處。 茶葉外銷開始大量使用外船，惟1867至1876年間仍有部分使用戎克船運送。
1888	劉銘傳指定建昌街為外僑居住地，沿街茶行林立，有舖家、也有番莊，與千秋街合計有茶行六十餘家，儼然成為茶莊大市。
1890	台灣曾試圖發展蠶桑業，但北部因茶葉生產，勞工已達充分就業水準，難以推展；而南部樟腦業利潤雖較糖業為高，但因深山原住民侵擾，南部蔗農轉業者仍屬少數。
1893	台茶在國際上聲譽日隆，輸出量達983.69萬台斤，又創歷年新高。
1894	清日因朝鮮問題發生甲午戰爭。
1895	清日簽訂馬關條約，清廷割讓台灣與澎湖群島給日本，台灣宣布獨立自救，成立「台灣民主國」，推舉唐景崧為大總統。
1901	台茶栽培面積27,000公頃，初製茶12,000公噸。 政府設置茶樹栽培試驗場於台北文山堡十五份庄，及桃園桃澗堡龜崙口庄。
1903	政府將前項二處茶樹栽培試驗場廢棄，另創設殖產局附屬試驗場「安平鎮製茶試驗場」，於桃園竹北二堡草湳坡埔心，即今茶業改良場前身。
1910	平鎮製茶試驗場完成台灣茶葉普查，公布王錦水與魏靜時二人的製茶法是最好的方法。
1916	政府選定南港大坑桂橑為「包種茶製茶研究中心」，聘請魏靜時擔任講師，魏氏是台灣第一位茶農受聘的製茶老師。
1918	平鎮茶業試驗分所全面調查台灣茶樹品種，經選定青心烏龍、大葉烏龍、青心大冇、硬枝紅心等為當時台灣四大優良茶樹品種。
1919	台灣紅茶株式會社與拓殖製茶株式會社合併，於桃園大溪等地推廣紅茶製造。

1920	第一次世界大戰結束，世界面臨經濟大恐慌，台茶外銷驟減，由前一年的1,100萬斤降為7萬斤，大稻埕倉庫茶葉堆積如山，政府以每百斤8元價格收購焚毀，以救濟茶農與避免第二年陳茶混入，降低外銷茶品質。 台灣烏龍茶受印度、錫蘭與爪哇等地廉價紅茶影響，國外市場銳減，自此一蹶不振。 三井產物株式會社引進印度阿薩姆茶樹，試種於埔里、魚池，並獎勵民間種植，試製紅茶。
1921	政府受台灣烏龍茶滯銷影響，開始重視南港包種茶的製造方法，聘請魏靜時講師每年春、秋兩季巡迴辦理講習會。 南港包種茶再經改良成為台灣特有的茶葉製造技術，包括文山包種茶、凍頂烏龍茶、木柵鐵觀音等之台灣包種茶系列，台灣茶業生態進入第四代。 源自大陸武夷山的傳統茶葉製造方法在台灣結束。 台灣包種茶具有獨特的天然香氣，聞名於全世界，開始外銷，持續風光二十年。
1922	台灣總　府殖產局糾合茶業公司與茶生產組合，聯合組成「台灣茶共同販賣所」，以改善台灣茶過去銷售的缺失。
1923	政府制定「台灣重要物產取締法」，並設立「台灣茶檢查所」，茶葉非經檢驗合格，不得出口，以保持台茶品質與聲譽。 日本裕仁太子來台，初飲南港包種茶，香氣撲鼻，滋味甘醇，愛不釋手，魏靜時茶師聲名因而大噪。
1924	文山式製造法元祖王錦水逝世，享壽八十歲。
1925	台灣紅茶開始外銷歐洲。
1929	南港式製造法元祖魏靜時逝世，享壽七十六歲。獲頒「白櫻花狀」，並尊稱為「台灣茶業大恩人」、「台茶之父」。 台灣包種茶製造指導工作，由魏靜時公子魏成根及孫女婿李綑粒延續。
1930	1926至1930年間為台灣包種茶全盛時期，每年外銷量都在3,000公噸以上。 泰國政府規定，台灣包種茶要貼有魏靜時茶師照片始准在泰出售。 政府於台北州林口庄設立「茶業傳習所」。
1931	魏成根成立南港大坑製茶所。
1933	台茶栽培面積達戰前的最高峰46,000公頃。
1934	台灣包種茶受東印度公司高關稅政策及低價爪哇茶影響，外銷量驟減。
1936	政府於南投日月潭畔設立「中央農業試驗所魚池紅茶試驗支所」。
1937	台灣紅茶外銷量已達5,800公噸之高峰，成為台茶外銷的第三種茶類。
1938	日本發動大東亞戰爭（盧溝橋事變），台灣茶業受到極大影響。

1941	太平洋戰爭爆發，海運中斷，茶園荒廢，台灣包種茶受到衝擊而趨沒落。 戰爭期間消費者改變飲茶習慣，尤其是美國幾乎把台灣烏龍茶遺忘，台灣烏龍茶絕跡於其他國家。
1945	第二次世界大戰結束，茶園荒廢多年，台茶栽培面積雖有34,000公頃，收穫面積僅有23,000公頃。初製茶1,400公噸，外銷量28公噸，台茶陷入停滯狀態，為有史以來的最低潮。
1947	台灣發生二二八事件，社會經濟不安定，影響台茶的恢復。
1948	美商協和洋行來台設立分行，聘請上海製茶專家來台炒製綠茶，在桃園、新竹設立十二家綠茶工廠，成果極佳。
1949	輸出綠茶到北非1,190公噸，綠茶成為台灣外銷的第四種茶類，開啓台灣綠茶的黃金時代。台灣綠茶自此與北非結緣二十餘年。 台灣實施貨幣改革以40,000元台幣兌換1元新台幣。 國民政府全面撤退來台。金門發生古寧頭戰役。
1950	6月爆發韓戰，美國派遣第七艦隊協防台灣海峽，台灣茶業在穩定中得以持續發展。
1953	政府實施三七五減租、耕者有其田與公地放領等土地改革政策。並大力輔導茶農努力經營，數年間，台茶已恢復到戰前的高峰期。
1954	茶園面積46,000公頃，初製茶13,000餘公噸，外銷量14,800餘公噸，將上年滯積的庫存茶一併出清，因而輸出量超過生產量。
1958	金門發生八二三炮戰。
1959	台灣發生八七大水災。
1960	台灣又發生八一大水災。 連續三年的天災人禍，台灣經濟遭受嚴重打擊，台茶自不能例外，也受到嚴重的波及。
1963	台灣綠茶出口量6,270餘公噸，占出口量的46%。
1964	綠茶出口量首次超過紅茶，居外銷茶類的首位。
1965	引進日本煎茶的製造方法，開始製造蒸青綠茶。
1968	政府將林口茶業傳習所、平鎮茶業試驗分所，以及魚池紅茶試驗分所合併，成立「台灣省茶業改良場」。
1972	省政府謝東閔主席倡導客廳即工廠，台茶開啓由茶農自產自製自銷的年代。
1973	煎茶產量達12,000餘公噸，占出口量的51%。 茶藝館奉准設立，積極推動茶藝文化活動。
1974	世界發生第一次石油危機，台灣由農業社會逐漸轉為工商業社會，台茶也開始由外銷逐漸轉為內銷。

1980	台灣茶葉截至1980年為止，仍然以外銷為主。 茶業改良場林口分場遷至石碇鄉，改為「文山分場」；另增設「台東分場」與「凍頂工作站」，完成全島茶業試驗研究推廣網。 台茶自1980年以來，每年生產面積大約維持在20,000公頃，收穫量亦約在20,000公噸。
1982	台灣省與中華民國茶藝協會分別成立，全面宣導茶藝文化，提倡正確的飲茶風氣。
1989	罐裝飲料茶問世，茶葉品飲朝向多元化發展。
1999	台灣凍省，茶業改良場改隸行政院農業委員會，全銜為「行政院農業委員會茶業改良場」。 台灣發生百年來最大的「九二一集集大地震」，震毀中南部茶園面積約達2,800公頃。
2000	台灣發生桃芝颱風，茶園又受波及，受害規模可與1959年的八七大水災相比擬。 台灣總統改選，民進黨獲勝，首度政黨輪替。
2001	行政院為精簡機構，經院會通過後，決定將茶業改良場裁併為農業試驗所，經該場廖慶樑場長極力說明爭取，始專案簽准維持原建置。
2003	行政院農業委員會首次舉辦台灣優質茶競賽，獲得最優質者，提供1台斤做為義賣之用，惜因未分茶類而難以評出優劣。
2004	3月20日總統選舉投票前夕，發生319槍擊案，陳水扁以些微的差距得以連任，引發爭議。
2006	陳水扁總統涉及國務機要費等貪腐案，致9月紅衫軍發動圍城事件，引發社會動盪不安。
2008	總統改選，國民黨勝選，第二次政黨輪替。
2009	台灣開放大陸觀光客來台，台灣茶成為大陸客首選的台灣土產，尤以阿里山茶與高山茶最受歡迎。 2009年逢八七水災五十週年，惜莫拉特颱風又造成災情更慘重的八八水災，中南部地區嚴重情形超過當年的八七水災，茶農受創。 九二一大地震逢十週年，10月同樣在南投地區發生芮氏6.8級的大地震，幸未傳出重大災情。

精緻農業叢書

台灣茶聖經

編 著 者／廖慶樑
出 版 者／揚智文化事業股份有限公司
發 行 人／葉忠賢
總 編 輯／閻富萍
主　　編／范湘渝
文字編輯／吳韻如
地　　址／新北市深坑區北深路三段 260 號 8 樓
電　　話／(02)8662-6826・8662-6810
傳　　真／(02)2664-7633
E-mail ／service@ycrc.com.tw
印　　刷／鼎易印刷事業股份有限公司
ISBN ／978-957-818-936-2
初版二刷／2014 年 8 月
定　　價／新台幣 1000 元

國家圖書館出版品預行編目資料

台灣茶聖經／廖慶樑編著. -- 初版. -- 台北縣
深坑鄉：揚智文化, 2010. 02
面；　公分. -- （精緻農業叢書）
參考書目：面

ISBN　978-957-818-936-2（精裝）

1.茶葉 2.製茶 3.茶藝 4.台灣

434.181　　98023017